高等职业教育系列教材

校企合作 | 产教融合 | 理实同行 | 配套丰富

大数据技术与应用

第2版

黄源◎编著

机械工业出版社
CHINA MACHINE PRESS

本书主要介绍了大数据技术的基本概念与应用。全书共 10 章，包括大数据介绍、大数据架构、数据采集与清洗、大数据存储、大数据分析与挖掘、大数据可视化、数据治理、大数据安全、大数据的行业应用以及大数据综合实训。本书将理论与实践操作相结合，通过大量的案例帮助读者快速了解和应用大数据分析相关技术，并对书中重要的、核心的知识点加大练习的比例，以达到熟练应用的目的。

本书既可作为高等职业院校大数据技术专业、软件技术专业、计算机网络专业、工业互联网技术等计算机相关专业的教材，也可作为相关专业技术人员的参考用书。

本书配有微课视频、电子课件、习题答案等丰富的配套资源，其中微课视频通过扫描书中二维码即可观看，其他配套资源可登录www.cmpedu.com 免费注册、审核通过后下载，或联系编辑索取（微信：13261377872，电话：010-88379739）。

图书在版编目（CIP）数据

大数据技术与应用 / 黄源编著. --2 版. --北京：机械工业出版社，2024.12. --（高等职业教育系列教材）. -- ISBN 978-7-111-77035-0

Ⅰ. TP274

中国国家版本馆 CIP 数据核字第 2024NQ0316 号

机械工业出版社（北京市百万庄大街 22 号　邮政编码 100037）

策划编辑：李培培	责任编辑：李培培
责任校对：梁　静　宋　安	责任印制：郜　敏

北京富资园科技发展有限公司印刷

2025 年 1 月第 2 版第 1 次印刷

184mm×260mm・14.5 印张・377 千字

标准书号：ISBN 978-7-111-77035-0

定价：65.00 元

电话服务　　　　　　　　　　网络服务

客服电话：010-88361066　　机 工 官 网：www.cmpbook.com

　　　　　010-88379833　　机 工 官 博：weibo.com/cmp1952

　　　　　010-68326294　　金 书 网：www.golden-book.com

封底无防伪标均为盗版　　机工教育服务网：www.cmpedu.com

前　言

　　大数据是以容量大、类型多、存取速度快、应用价值高为主要特征的数据集合，正快速发展为对数量巨大、来源分散、格式多样的数据进行采集、存储和关联分析，从中发现新知识、创造新价值、提升新能力的新一代信息技术和服务业态。大数据已经成为推动经济转型发展的新动力，并促进生产组织方式的集约和创新。

　　当前，发展大数据已经成为国家战略，大数据在引领经济社会发展中的新引擎作用更加明显。2014 年，"大数据"首次出现在《政府工作报告》中。报告中强调，要设立新兴产业创业创新平台，在大数据等方面赶超先进，引领未来产业发展。"大数据"从此逐渐在国内成为热议的词汇。2015 年，国务院正式印发《促进大数据发展行动纲要》，《纲要》明确指出要不断地推动大数据发展和应用，在未来打造精准治理、多方协作的社会治理新模式，建立运行平稳、安全高效的经济运行新机制，构建以人为本、惠及全民的民生服务新体系，开启大众创业、万众创新的创新驱动新格局，培育高端智能、新兴繁荣的产业发展新生态。2020 年 12 月 28 日，国家发展和改革委员会发布了《关于加快构建全国一体化大数据中心协同创新体系的指导意见》。《指导意见》的发布，意味着国家将在顶层设计上规范大数据产业发展，用"全国一盘棋"体系破除"数据孤岛"，从而促进大数据在行业、公司的应用场景落地和创新。2021 年 11 月，工业和信息化部发布《"十四五"大数据产业发展规划》。《规划》提出了"十四五"时期我国大数据产业总体发展目标，即到 2025 年，我国大数据产业测算规模突破 3 万亿元，年均复合增长率保持在 25% 左右，创新力强、附加值高、自主可控的现代化大数据产业体系基本形成。

　　本书以"理论–实践操作"相结合的方式深入地讲解大数据技术的基本知识和实现，在内容设计上既有详细的理论与典型的案例；又有大量的实训环节，双管齐下，可极大地激发学生在课堂上的学习积极性与主动创造性，让学生在课堂上跟上老师的思维，从而学到更多有用的知识和技能。

　　本书共 10 章，包括大数据介绍、大数据架构、数据采集与清洗、大数据存储、大数据分析与挖掘、大数据可视化、数据治理、大数据安全、大数据的行业应用以及大数据综合实训。

　　本书特色如下。

　　1）采用"理实一体化"的教学方式。

　　2）丰富的教学案例，包含了书中的教学课件、习题答案等多种教学资源。

3）紧跟时代潮流，注重技术变化，书中包含了主流的大数据分析知识及一些开源库的使用。

4）编写本书的教师都具有多年的教学经验，重难点突出，能够激发学生的学习热情。

5）对本书中的重难点配有微课视频，方便学生课后学习。

本书可作为高职院校大数据技术专业、软件技术专业、计算机网络专业、工业互联网技术等计算机相关专业的教材，也可作为相关专业技术人员的参考用书。

本书建议学时为 60 学时，具体分布如下表所示：

章　　节	建 议 学 时
大数据介绍	4
大数据架构	8
数据采集与清洗	8
大数据存储	6
大数据分析与挖掘	6
大数据可视化	6
数据治理	6
大数据安全	6
大数据的行业应用	6
大数据综合实训	4

本书由重庆航天职业技术学院黄源编著。

本书是校企合作共同编写的结果，在编写过程中得到了中国电信金融行业信息化应用重庆基地总经理助理杨琛的大力支持。

在编写过程中，参阅了大量的相关资料，在此表示感谢！并对机械工业出版社编辑的辛勤工作表示感谢！

由于编者水平有限，书中难免出现疏漏之处，衷心希望广大读者批评指正，来信可发送到作者电子邮箱：2103069667@qq.com。

编　者

目　录

第 6 章 大数据可视化 ························ 127

第 7 章 数据治理 ····························· 154

第 8 章 大数据安全 ····························· 171

第 9 章 大数据的行业应用 ························ 189

第 10 章 大数据综合实训 ························ 212

参考文献 ························ 224

第1章 大数据介绍

本章学习目标

- 了解大数据的定义。
- 了解大数据的特征及技术框架。
- 了解大数据与云计算的关系。
- 了解大数据与人工智能的关系。
- 了解发展大数据的意义。
- 了解大数据在我国的发展现状。

1.1 大数据概述

1.1.1 认识大数据

大数据概述

1. 大数据介绍

大数据（Big Data）是指无法在一定时间范围内用常规软件工具进行捕捉、管理和处理的数据集合，是需要新处理模式才能具有更强的决策力、洞察发现力和流程优化能力的海量、高增长率和多样化的信息资产。

大数据是现代社会高科技发展的产物，它不是一种单独的技术，而是一个概念，一个技术圈。相对于传统的数据分析，大数据是海量数据的集合，它以采集、整理、存储、挖掘、共享、分析、应用、清洗为核心，正广泛地应用于军事、金融、环境保护、通信等各个行业中。

大数据时代的概念最早是由全球知名咨询公司麦肯锡提出的。麦肯锡认为："大数据的应用，重点不在于堆积数据，而在于利用数据，做出更好的、利润更高的决策。"因此，大数据的核心在于对海量数据的分析和利用。

按照麦肯锡的理念来理解，大数据并不是神秘而不可触摸的，它是一种新兴的产业，从提出概述至今不断推动着世界经济的转型和进一步发展。例如，法国政府在 2013 年投入 1150 万欧元，用于 7 个大数据市场研发项目。其目的在于通过发展创新性解决方案，并将其用于实践，来促进法国在大数据领域的发展。法国政府在《数字化路线图》中列出了 5 项将大力支持的战略性高新技术，大数据就是其中一项。

综上所述，从各种各样的大数据中快速获得有用信息的能力，就是大数据技术。这种技术已经对人们的生产和生活方式有了极大的影响，并且还在快速发展中。

2. 大数据的发展历程

大数据的发展主要历经了三个阶段：出现阶段、热门阶段和应用阶段。

（1）出现阶段（1980—2008年）

1980年，未来学家阿尔文·托夫勒在《第三次浪潮》中将"大数据"称为"第三次浪潮的华彩乐章"。1997年，美国宇航局研究员迈克尔·考克斯和大卫·埃尔斯沃斯首次使用"大数据"这一术语来描述20世纪90年代人们面临的技术挑战：模拟飞机周围的气流——是不能被处理和可视化的。数据集之大，超出了主存储器、本地磁盘，甚至远程磁盘的承载能力，因而被称为"大数据问题"。

谷歌在2006年首先提出云计算的概念。2007—2008年，随着社交网络的激增，技术博客和专业人士为"大数据"概念注入新的生机。"当前世界范围内已有的一些其他工具将被大量数据和应用算法所取代。"曾任《连线》杂志主编的克里斯·安德森认为当时处于一个"理论终结时代"。一些政府机构和美国的顶尖计算机科学家声称，"应该深入参与大数据计算的开发和部署工作，因为它将直接有利于许多任务的实现。"2008年9月，《自然》杂志推出了名为"大数据"的封面专栏，同年"大数据"概念得到了美国政府的重视，计算社区联盟（Computing Community Consortium）发表了第一个有关大数据的白皮书《大数据计算：在商务、科学和社会领域创建革命性突破》，其中提出了当年大数据的核心作用：大数据真正重要的是寻找新用途和传播新见解，而非数据本身。

（2）热门阶段（2009—2012年）

2009—2012年，"大数据"成为互联网技术行业中的热门词汇。2009年，印度建立了用于身份识别管理的生物识别数据库；2009年，联合国全球脉冲项目研究了如何利用手机和社交网站的数据源来分析和预测从经济走势到疾病暴发之类的问题；2009年，美国政府通过启动data.gov网站进一步开放了数据的大门，该网站的数据集被用于保证一些网站和智能手机应用程序来跟踪信息，这一行动激发了从肯尼亚到英国等国的政府相继推出类似举措；2009年，欧洲一些领先的研究型图书馆和科技信息研究机构建立了伙伴关系，致力于改善在互联网上获取科学数据的简易性；2010年，肯尼斯·库克尔发表了大数据专题报告《数据，无所不在的数据》；2011年，IBM的沃森计算机系统在智力竞赛节目《危险边缘》中打败了两名人类挑战者，后来《纽约时报》称这一刻为大数据计算的胜利。"大数据时代已经到来"出现在2011年6月麦肯锡发布的关于"大数据"的报告中，正式定义了大数据的概念，之后逐渐受到各行各业的关注。

2012年，大数据一词越来越多地被提及，人们用它来描述和定义信息爆炸时代产生的海量数据，并命名与之相关的技术发展与创新。数据正在迅速膨胀，它决定着未来的发展。随着时间的推移，人们将越来越多地意识到数据的重要性。

2012年，美国政府在白宫网站发布了《大数据研究和发展倡议》，这一倡议标志着大数据已经成为重要的时代特征；2012年3月22日，美国政府宣布以2亿美元投资大数据领域，这是大数据技术从商业行为上升到国家科技战略的分水岭；2012年，美国颁布了《大数据的研究和发展计划》，英国发布了《英国数据能力发展战略规划》，日本发布了《创建最尖端IT国家宣言》，韩国提出了"大数据中心战略"，其他一些国家也制定了相应的战略和规划。

（3）应用阶段（2013年至今）

2014年，"大数据"首次出现在我国的政府工作报告中。报告中强调，要设立新兴产业创业创新平台，在大数据等方面赶超先进，引领未来产业发展。大数据从此逐渐在国内成为热议的词汇。

2015 年，国务院正式印发《促进大数据发展行动纲要》，其中明确指出要不断地推动大数据发展和应用，在未来打造精准治理、多方协作的社会治理新模式，建立运行平稳、安全高效的经济运行新机制，构建以人为本、惠及全民的民生服务新体系，开启大众创业、万众创新的创新驱动新格局，培育高端智能、新兴繁荣的产业发展新生态。

2016 年，工信部发布《大数据产业发展规划（2016—2020 年）》，该《规划》通过定量和定性相结合的方式提出了 2020 年大数据产业发展目标。在总体目标方面，提出到 2020 年，技术先进、应用繁荣、保障有力的大数据产业体系基本形成，大数据相关产品和服务业务收入突破 1 万亿元，年均复合增长率保持在 30% 左右。

2016 年，我国大数据行业发展的相关政策细化落地，国家发改委、环保部、工信部、国家林业局、农业部等均出台了关于大数据的发展意见和方案。2017 年，我国大数据产业的发展正式从理论研究加速进入应用时代，大数据产业相关的政策内容已经从全面、总体的指导规划逐渐向各大行业、细分领域延伸。此外，为了抓住产业机遇，推动大数据的产业发展，全国各地区陆续出台相关政策。

2023 年，中共中央、国务院印发了《数字中国建设整体布局规划》，将数据要素放到一个更为宏大的"数字中国"图景中。《数字中国建设整体布局规划》明确，数字中国建设按照"2522"的整体框架进行布局，即夯实数字基础设施和数据资源体系"两大基础"，推进数字技术与经济、政治、文化、社会、生态文明建设"五位一体"深度融合，强化数字技术创新体系和数字安全屏障"两大能力"，优化数字化发展国内国际"两个环境"。

3. 大数据的影响

大数据的影响主要有以下 4 点。

（1）大数据对科学活动的影响

人类在科学研究上先后历经了实验、理论和计算三种范式。当数据量不断增长和累积到今天，传统的三种范式在科学研究，特别是一些新的研究领域已经无法很好地发挥作用，需要有一种全新的第四种范式来指导新形势下的科学研究。这种新的范式就是从以计算为中心转变到以数据处理为中心，确切地说也就是数据思维。

数据思维是指在大数据环境下，一切资源都将以数据为核心，人们从数据中去发现问题，解决问题，在数据背后挖掘真正的价值，科学大数据已经成为科技创新的新引擎。维克托·迈尔-舍恩伯格撰写的《大数据时代》一书明确指出，"大数据时代最大的转变，就是放弃对因果关系的渴求，取而代之关注相关关系。"也就是说，只要知道"是什么"，而不需要知道"为什么"。这就颠覆了千百年来人类的思维惯例，可以说是对人类的认知和与世界交流的方式提出了全新的挑战。虽然第三范式和第四范式都是利用计算机来计算，但它们在本质上是不同的。第四范式彻底颠覆了人类对已知世界的理解，明确了一点：如果能够获取更全面的数据，也许才能真正做出更科学的预测，这就是第四范式的出发点，这也许是最迅速和实用的解决问题的途径。

因此大数据将成为科学研究者的宝库，从海量数据中挖掘有用的信息会是一件极其有趣而复杂的事情。它要求人们既要依赖数据，又要有独立的思考，能够从不同数据中找出隐藏的关系，从而提取出有价值的信息。图 1-1 所示为科学研究范式的发展过程。

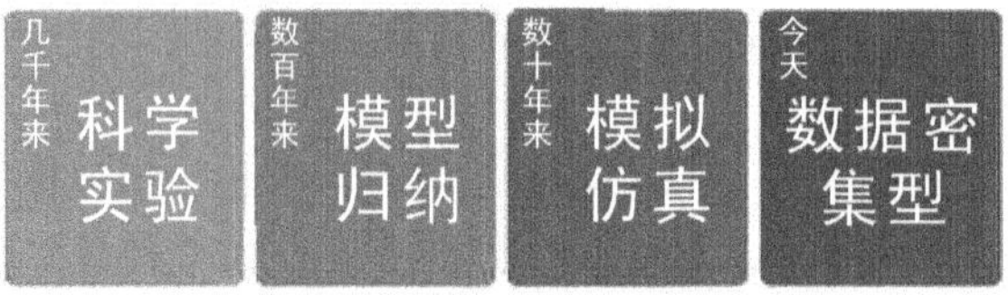

图 1-1　科学研究范式的发展过程

（2）大数据对思维方式的影响

1）人们处理的数据从样本数据变成全量数据。面对大数据，传统的样本数据可能不再适用。大数据分析处理技术的出现使得人们对全量数据的处理变得简易可行。大数据时代带来了从样本数据到全量数据的转变。在大数据可视化时代，数据的收集不再是困扰人们的问题，采集全量的数据成为现实。全量数据带给人们视角上的宏观与高远，使人们可以站在更高的层级看待问题的全貌，看见曾经被淹没的数据价值，发现藏匿在整体中的有趣细节。因为拥有全部或几乎全部的数据，就能获得从不同的角度更细致、更全面地观察，研究数据的可能性，从而使得大数据平台的分析过程成为惊喜的发现过程和问题域的拓展过程。

2）由于是全量数据，人们不得不接受数据的混杂性，而放弃对精确性的追求。传统的数据分析为了保证精确性和准确性，往往采取抽样分析来实现。而在大数据时代，往往采取全样分析而不再采用以往的抽样分析。因此追求极高精确率的做法已经不再是人们的首要目标，速度和效率取而代之，如在几秒钟内就迅速给出针对海量数据的实时分析结果等。同时人们也应该容许一些不精确的存在，数据不可能是完全正确或完全错误的，当数据的规模以数量级增加时，对大数据进行深挖和分析，能够把握真正有用的数据，才能避免做出盲目和错误的决策。

3）人类通过对大数据的处理，放弃对因果关系的渴求，转而关注相关关系。在以往的数据分析中，人们往往执着于现象背后的因果关系，总是试图通过有限的样本来剖析其中的内在机理。而在大数据的背景下，相关关系大放异彩。通过应用相关关系，人们可以比以前更容易、更便捷、更清楚地分析事物。例如，美国一家零售商在对海量销售数据的处理中发现每到星期五下午，啤酒和婴儿纸尿裤的销量同时上升。通过观察发现，星期五下班后很多青年男子要买啤酒度过周末，而这时妻子又常打电话提醒丈夫在回家路上顺道为孩子买纸尿裤。发现这个相关性后，这家零售商就把啤酒和纸尿裤摆在一起，方便年轻的爸爸购物，大幅提高了销售额。再如，谷歌开发了一款名为"谷歌流感趋势"的工具，它通过跟踪搜索词相关数据来判断全美地区的流感情况。这个工具会发出预警，告诉全美地区的人们流感已经进入"紧张"的级别。这样的预警对于美国的卫生防疫机构和流行病健康服务机构来说非常有用，因为它及时，而且具有说服力。此工具的工作原理为通过关键词（如温度计、流感症状、肌肉疼痛、胸闷等）设置，对搜索引擎的使用者展开跟踪分析，创建地区流感图表和流感地图（以大数据的形式呈现出来）。然后把结果与美国疾病控制和预防中心的报告比对，进行相关性预测。

（3）大数据对社会发展的影响

在大数据时代，不管是物理学、生物学、环境生态学等领域，还是军事、金融、通信等行业，数据都在迅速膨胀，没有一个领域可以不被波及。大数据正在改变甚至颠覆人们所处的整个时代，对社会发展产生了方方面面的影响。

在大数据时代，用户会越来越多地依赖网络和各种"云端"工具提供的信息做出行为选择。从社会这个大方面上看，这有利于提升人们的生活质量、和谐程度，从而降低个人在群体中所面临的风险。例如，美国的网络公司 Farecast 通过对 2000 亿条飞行数据记录的搜索和运算，可以预测美国各大航空公司每一张机票的平均价格走势。如果一张机票的平均价格呈下降趋势，系统就会帮助用户做出稍后再购票的明智选择。反过来，如果一张机票的平均价格呈上涨趋势，系统就会提醒用户立刻购买该机票。通过预测机票价格的走势以及增降幅度，Farecast 的票价预测工具能帮助用户抓住最佳购买时机，节约出行成本。

现在，谷歌的无人驾驶汽车已经在美国加州行驶，人工智能使自动驾驶得以实现，这些都是基于大量数据解析的结果，背后都有大数据的功劳。

（4）大数据对就业市场的影响

大数据激发内需的剧增，引发产业的巨变。生产者具有自身的价值，而消费者则是价值的意义所在。有意义的东西才会有价值，如果消费者不认同，产品就卖不出去，价值就无法实现。大数据可以帮助人们从消费者的角度分析意义所在，从而帮助生产者实现更多的价值。

此外，随着大数据的不断应用，各行各业数据业务转型升级。例如，金融业原来的主业是做金融业务，靠佣金盈利，如今清算结算可能免费，转而利用支付信息的衍生信息增值业务盈利。

1.1.2　大数据的特征

随着对大数据认识的不断加深，人们认为大数据一般具有 4 个特征：数据量大、数据类型繁多、数据产生速度快和数据价值密度低。

1. 数据量大

大数据中的数据量大，指的就是海量数据。由于大数据往往采取全样分析，因此大数据的"大"首先体现在其规模和容量远远超出传统数据的测量尺度，一般软件工具难以捕捉、存储、管理和分析的数据，通过大数据的云存储技术都能保存下来，形成浩瀚的数据海洋，目前的数据规模已经从 TB 级升级至 PB 级。大数据之"大"还表现在其采集范围和内容的丰富多变，能存入数据库的不仅包含各种具有规律性的数据符号，还囊括了各种图片、视频、声音等非规则数据。

2011 年，马丁·希尔伯特和普里西利亚·洛佩兹在《科学》杂志上发表了一篇文章，对 1986—2007 年人类所创造、存储和传播的一切信息数量进行了追踪计算。其研究范围大约涵盖了 60 种模拟和数字技术，包括书籍、图画、信件、电子邮件、照片、音乐、视频（模拟和数字）、电子游戏、电话、汽车导航等。此后每年全球数据总量都在不断急增。

2023 年，全球数据产生总量再次创下新高，呈现出爆炸式增长的势头，预示着数字经济的蓬勃发展和新一轮科技革命的到来。

2. 数据类型繁多

大数据包括结构化数据、非结构化数据和半结构化数据。

1）结构化数据常指存储在关系数据库中的数据。该数据遵循某种标准，如企业财务报表、医疗数据库信息、行政审批数据、学生档案数据等。

2）非结构化数据常指不规则或不完整的数据，包括所有格式的办公文档、XML、HTML、各类报表、图片、图像、音频、视频信息等。企业中 80% 的数据都是非结构化数据，这些数据每年都按指数增长。相对于以往便于存储的以文本为主的结构化数据，越来越多的非结构化数据的产生给所有企业都提出了挑战。在网络中，非结构化数据越来越成为数据的主要部分。值得注意的是，非结构化数据具有内部结构，但不通过预定义的数据模型或模式进行结构化。它可能是文本的或非文本的，也可能是人为的或机器生成的。它也可以存储在像 MySQL 这样的非关系数据库中。

3）半结构化数据常指有一定的结构与一致性约束，但在本质上不存在关系的数据，如常用于跨平台传输的 XML 数据及 JSON 数据等。

据全球知名研究机构 IDC 的调查报告显示，拜互联网和通信技术近年来的迅猛发展所赐，如今的数据类型早已不是单一的文本形式，音频、视频、图片、地理位置信息等多类型的数据对数据的处理能力提出了更高的要求。并且数据来源也越来越多样，不仅产生于组织内部运作的各个环节，也来自组织外部的开放数据。其中内部数据主要包含：政府数据（如征信、户籍、犯罪记录等）、企业数据（如阿里巴巴的消费数据、腾讯的社交数据等）、机构数据（如第三方咨询机构的调查数据）。而开放数据主要包含网站数据、各种 App 终端数据，以及大众媒介数据等。

例如，智能语音助手就是多样化数据处理的代表。用户可以通过语音、文字输入等方式与其对话交流，并调用手机自带的各项应用阅读短信、询问天气、设置闹钟、安排日程，搜索餐厅、电影院等生活信息，收看相关评论，甚至直接订位、订票。

3. 数据产生速度快

在数据处理速度方面，有一个著名的"1 秒定律"，即要在秒级时间范围内给出分析结果，超出这个时间，数据就失去价值了。大数据是一种以实时数据处理、实时结果导向为特征的解决方案，它的"快"体现在两个层面。

1）数据产生得快。有的数据是爆发式产生的，如欧洲核子研究中心的大型强子对撞机在工作状态下每秒产生 PB 级的数据；有的数据是涓涓细流式产生的，但是由于用户众多，短时间内产生的数据量依然非常庞大，如点击流、日志、论坛、博客、发邮件、射频识别数据、GPS（全球定位系统）位置信息。

2）数据处理得快。正如水处理系统可以从水库调出水进行处理，也可以处理直接对涌进来的新水流。大数据也有批处理（"静止数据"转变为"正使用数据"）和流处理（"动态数据"转变为"正使用数据"）两种范式，以实现快速的数据处理。

例如，电子商务网站从点击流、浏览历史和行为（如放入购物车）中发现顾客的即时购买意图和兴趣，并据此推送商品，这就是数据"快"的价值，也是大数据的应用之一。

4. 数据价值密度低

随着互联网以及物联网的广泛应用，信息感知无处不在，信息海量，但价值密度较低。如何结合业务逻辑并通过强大的机器算法来挖掘数据价值，是大数据时代最需要解决的问题。以监控视频为例，一部一小时连续不间断的监控视频中，可能有用的数据仅仅有一两秒，但是为了能够得到想要的视频，人们不得不投入大量资金购买网络设备、监控设备等。

因此，由于数据采集不及时、数据样本不全面、数据不连续等缘故，数据可能会失真，但当数据量达到一定规模时，可以通过更多的数据达到更真实全面的反馈。

1.1.3 大数据技术应用与基础

1. 大数据应用

大数据的应用无处不在，从金融业到娱乐业，从制造业到互联网业，从物流业到运输业，到处都有大数据的身影。

1）制造业：借助大数据分析，制造商们可以进行预测性维护以及性能分析，从而改进战略决策。

2）汽车业：利用大数据和物联网技术开发的无人驾驶汽车，在不远的未来将走入人们的日常生活。

3）互联网业：借助大数据技术可以分析客户行为，进行商品推荐和针对性广告投放。

4）金融业：通过大数据预测企业的金融风险，并通过描绘用户画像，清楚用户的消费行为及在网活跃度等，以更好地掌控资金的投放。

5）餐饮业：利用大数据实现餐饮 O2O 模式，彻底改变传统餐饮经营方式。

6）电信业：利用大数据技术实现客户离网分析，及时掌握客户离网倾向，出台客户挽留措施。

7）能源业：随着智能电网的发展，电力公司可以掌握海量的用户用电信息，利用大数据技术分析用户用电模式，改进电网运行，合理设计电力需求响应系统，确保电网运行安全。

8）物流业：利用大数据优化物流网络，提高物流效率，降低物流成本。

9）城市管理：利用大数据实现智能交通、环保监测、城市规划和智能安防。

10）医药业：大数据可以帮助人们在医药行业实现流行病预测、智慧医疗、健康管理等，同时还可以帮助人们解读 DNA，了解更多生命的奥秘。

11）体育娱乐业：大数据可以帮助人们训练球队，帮助教练做比赛的阵容安排，投拍受欢迎题材的影视作品，并进行较为全面的结果预测。

12）新闻业：利用数据挖掘新闻背后的更多事实，也可以将大数据可视化引入编辑，向公众呈现不一样的视觉故事。

图 1-2 所示为大数据在金融业中的应用。图 1-3 所示为大数据中的爬虫抓取架构。

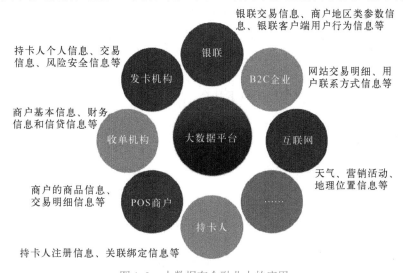

图 1-2 大数据在金融业中的应用

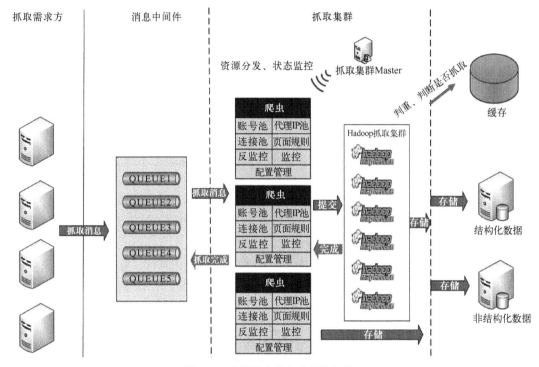

图1-3 大数据中的爬虫抓取架构

2. 大数据关键技术

（1）大数据采集

大数据采集技术就是对数据进行抽取-转换-装载（Extract-Transform-Load，ETL）操作，通过对数据进行抽取、转换、装载，最终挖掘数据的潜在价值，然后提供给用户解决方案或决策参考，是数据从数据来源端经过抽取、转换、装载到目的端，然后进行处理分析的过程。用户从数据源抽取出所需的数据，经过数据清洗，然后按照预先定义好的数据模型将数据加载到数据仓库中去，最后对数据仓库中的数据进行数据分析和处理。数据采集是数据分析生命周期中的重要一环，它通过传感器、社交网络、移动互联网等渠道获得各种类型的结构化、半结构化及非结构化的海量数据。由于采集的数据种类错综复杂，因此进行数据分析之前必须通过抽取技术对数据进行提取，从数据原始格式中抽取出需要的数据。

在大数据采集中面临的主要问题有以下几个。
- 数据源多种多样。
- 数据量大、变化快。
- 如何保证所采集数据的可靠性。
- 如何避免重复数据。
- 如何保证数据的质量。

目前很多互联网企业都有自己的海量数据采集工具，多用于系统日志采集，如Hadoop的Chukwa，Cloudera 的 Flume，Facebook（现已更名为 Meta）的 Scribe 等。这些工具均采用分布式架构，能满足每秒钟数百 MB 的日志数据采集和传输需求。

图1-4 所示为数据采集在大数据中的应用。

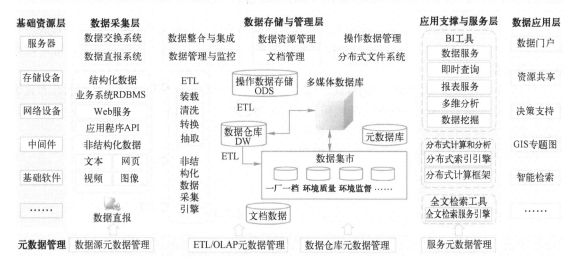

图 1-4　数据采集在大数据中的应用

（2）大数据预处理

现实中的数据大多是"脏"数据，如缺少属性值或仅仅包含聚集数据等，因此需要对数据进行预处理。数据预处理技术主要包含以下几种。

● 数据清理：用来清除数据中的"噪声"，纠正不一致。

● 数据集成：将数据由多个数据源合并成一个一致的数据存储，如数据仓库。

● 数据归约：通过聚集、删除冗余特征或聚类等操作来降低数据的规模。

● 数据变换：把数据压缩到较小的区间，如[0,1]，可以提高涉及距离度量的挖掘算法的准确率和效率。

图 1-5 所示为大数据预处理流程在大数据分析中的地位和作用。

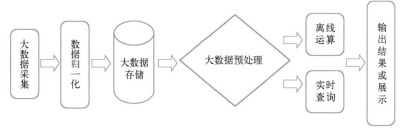

图 1-5　大数据预处理流程在大数据分析中的地位和作用

（3）大数据存储

大数据存储是将数量巨大，难以收集、处理、分析的数据集持久化地存储到计算机中。由于大数据环境一定是海量的，并且增量都有可能是海量的，因此大数据的存储和一般数据的存储有极大的差别，需要高性能、高吞吐率、大容量的基础设备。

为了能够快速、稳定地存取这些数据，目前至少需要用磁盘阵列，同时还要通过分布式存储的方式将不同区域、类别、级别的数据存放于不同的磁盘阵列中。在分布式存储系统中包含多个自主的处理单元，通过计算机网络互联来协作完成分配的任务，其分而治之的策略能够更好地解决大规模数据分析问题。分布式存储系统主要包含以下两类。

1）分布式文件系统。存储管理需要多种技术的协同工作，其中文件系统为其提供最底层存储能力的支持。分布式文件系统是一个高度容错性系统，被设计成适用于批量处理，能够提供高吞吐量的数据访问。

2）分布式键值系统。分布式键值系统用于存储关系简单的半结构化数据。典型的分布式键值系统有 Amazon Dynamo，获得广泛应用和关注的对象存储（Object Storage）技术也可以视为键值系统，其存储和管理的是对象而不是数据块。

图 1-6 所示为大数据的分布式存储系统架构。

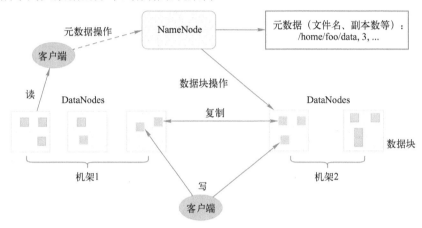

图 1-6 大数据的分布式存储系统架构

（4）大数据分析与挖掘

大数据分析与挖掘的目的是把隐藏在一大批看起来杂乱无章的数据中的信息集中起来，进行萃取、提炼，以找出所研究对象的内在规律。

大数据分析与挖掘主要包含两个内容：可视化分析与数据挖掘算法的选择。

1）可视化分析。不论是分析专家，还是普通用户，在分析大数据时，最基本的要求就是对数据进行可视化分析。可视化分析将单一的表格变为丰富多彩的图形模式，简单明了、清晰直观，读者更易于接受，如标签云、历史流、空间信息流等都是常见的可视化技术。用户可以根据自己的需求灵活地选择这些可视化技术。

2）数据挖掘算法的选择。大数据分析的理论核心就是数据挖掘算法。数据挖掘算法多种多样，不同的算法基于不同的数据类型和格式会呈现出数据所具备的不同特点。各类统计方法都能深入数据内部，挖掘出数据的价值。数据挖掘算法是根据数据创建数据挖掘模型的一组试探法和计算方法。为了创建该模型，算法将首先分析用户提供的数据，针对特定类型的模式和趋势进行查找，并使用分析结果定义用于创建挖掘模型的最佳参数，将这些参数应用于整个数据集，以便提取可行模式和详细统计信息。在数据挖掘算法中常采用人机交互技术，该技术可以引导用户对数据进行逐步分析，使用户参与到数据分析的过程中，更深刻地理解数据分析的结果。

图 1-7 所示为大数据可视化显示。图 1-8 所示为互联网平台通过对用户日常习惯的分析得

出该用户的个体标签画像。

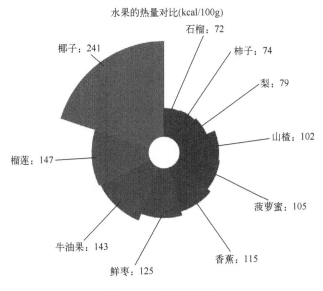

图 1-7　大数据可视化

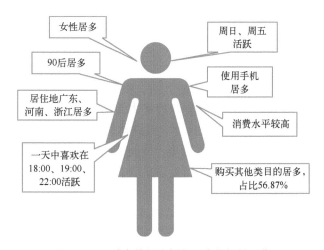

图 1-8　通过大数据分析得出个体标签画像

3. 大数据计算模式

计算模式的出现有力地推动了大数据技术和应用的发展。所谓大数据计算模式，是根据大数据的不同数据特征和计算特征，从多样性的大数据计算问题和需求中提炼并建立的各种高层抽象（Abstraction）或模型（Model）。

传统的并行计算方法主要从体系结构和编程语言的层面定义了一些较为底层的并行计算抽象和模型。但由于大数据处理问题具有很多高层的数据特征和计算特征，因此大数据处理需要更多地结合这些高层特征，考虑更为高层的计算模式。例如，MapReduce 是一个并行计算框架，是面向大数据并行处理的计算模型、框架和平台。它最早是由谷歌公司研究提出的，但是在研究和实际应用中发现，由于 MapReduce 主要适合进行大数据线下批处理，在面向低延迟和具有复杂数据关系和复杂计算的大数问题时有很大的不适应性，因此，近几年来，学术界和业界在不断研究并推出多种不同的大数据计算模式。例如，加州大学伯克利分校著名的 Spark 系统中的"分布内存抽象"（RDD）；卡耐基梅隆大学著名的图计算系统 GraphLab 中的"图并行抽象"（Graph Parallel Abstraction）等。

大数据计算模式对应的系统如下。

- 大数据查询与分析计算，包括 HBase、Hive、Cassandra、Premel、Impala、Shark、Hana、Redis。
- 批处理计算，包括 MapReduce、Spark。
- 流式计算，包括 Scribe、Flume、Storm、S4、SparkStreaming。
- 迭代计算，包括 HaLoop、iMapReduce、Twister、Spark。
- 图计算，包括 Pregel、PowerGraph、GraphLab、GraphX。
- 内存计算，包括 Dremel、Hana、Redis。

4. 大数据框架

大数据框架是可以进行大数据分析处理的工具的集合，主要用于对大数据系统中的数据进行计算。数据包括从持久存储设备中读取的数据或通过消息队列等方式接入系统中的数据，而计算则是从数据中提取信息的过程。

不论是系统中存在的历史数据，还是持续不断接入系统中的实时数据，只要数据是可访问的，就可以对数据进行处理。按照对所处理的数据形式和得到结果的时效性分类，大数据处理框架可以分为三类：批处理系统、流处理系统和混合处理系统。

（1）批处理系统

批处理是一种用来计算大规模数据集的方法。批处理的过程包括将任务分解为较小的任务，分别在集群中的每台计算机上进行计算，根据中间结果重新组合数据，然后计算和组合出最终结果。当处理非常巨大的数据集时，批处理系统是最有效的。

批处理系统在大数据世界中有着悠久的历史。批处理系统主要操作大量的、静态的数据，并且等到全部处理完成后才能得到返回的结果。批处理系统中的数据集一般符合以下特征。

1）有限。数据集中的数据必须是有限的。

2）持久。批处理系统处理的数据一般存储在持久存储系统（如硬盘、数据库)中。

3）海量。极海量的数据通常只能使用批处理系统来处理。批处理系统在设计之初就充分地考虑了数据量巨大的问题，实际上批处理系统也是因此应运而生的。

由于批处理系统在处理海量的持久数据方面表现出色，所以它通常被用来处理历史数据，很多在线分析处理（On-Line Analytic Processing，OLAP）系统的底层计算框架使用的就是批处理系统。但是由于海量数据的处理需要耗费很长时间，所以批处理系统一般不适合应用于对实时性要求较高的场景。

Apache Hadoop 是一种专用于批处理的处理框架，是首个在开源社区获得极大关注的大数据框架。在 2.0 版本以后，Hadoop 由以下组件组成。

1）Hadoop 分布式文件系统（Hadoop Distributed File System，HDFS）。HDFS 是一种分布式文件系统，它具有很高的容错性，适合部署在廉价的机器集群上。HDFS 能提供高吞吐量的数据访问，非常适合在大规模数据集上使用。它可以用于存储数据源，也可以存储计算的最终结果。

2）YARN。YARN 可以为上层应用提供统一的资源管理和调度。它可以管理服务器的资源（主要是 CPU 和内存)，并负责调度作业的运行。在 Hadoop 中，它被设计用来管理 MapReduce 的计算服务。但现在很多其他的大数据处理框架也可以将 YARN 作为资源管理器，如 Spark。

3）MapReduce。MapReduce 是 Hadoop 中默认的数据处理引擎，也是谷歌公司发表的有关 MapReduce 论文中思想的开源实现。使用 HDFS 作为数据源，使用 YARN 进行资源管理。

图 1-9 所示为 Apache Hadoop 官网页面，网址为 http://hadoop.apache.org。

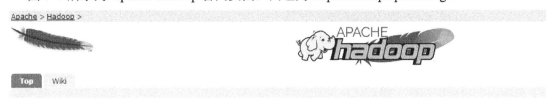

图 1-9　Apache Hadoop 官网页面

（2）流处理系统

流处理系统是指用于处理永不停止的接入数据的系统。它与批处理系统所处理数据的不同之处在于，流处理系统并不会对已经存在的数据集进行操作，而是对从外部系统接入的数据进行处理。流处理系统可以分为以下两种。

● 逐项处理。逐项处理是指每次处理一条数据，是真正意义上的流处理。
● 微批处理。这种处理方式把一小段时间内的数据当作一个微批次，对这个微批次内的数据进行处理。

在流处理系统中，不论是哪种处理方式，其实时性都要远远好于批处理系统。因此，流处理系统非常适合应用于对实时性要求较高的场景，如日志分析、设备监控、网站实时流量变化等。

Apache Storm 是一种侧重于低延迟的流处理框架。它可以处理海量的接入数据，以近实时方式处理数据。Storm 的延时可以达到亚秒级。Storm 含有以下关键概念。

1）Topology。Topology 中封装了实时应用程序的逻辑。Topology 类似于 MapReduce 作业，但区别是 MapReduce 最终会完成，而 Topology 则会一直运行（除非被强制停止）。Topology 是由 Spouts 和 Bolts 组成的有向无环图（Directed Acyclic Graph，DAG）。

2）Stream。Stream 是一种不断被接入 Storm 中的无界的数据序列。

3）Spout。Spout 是 Topology 中 Stream 的源。Spout 从外部数据源读取数据并接入到 Strom 系统中。

4）Bolt。Bolt 用于 Storm 中的数据处理，它可以进行过滤、聚合、连接等操作。将不同的 Bolt 连接组成完整的数据处理链条，最后一个 Bolt 用来输出（如输出到文件系统或数据库等）。

5）Trident 的基本思想是使用 Spout 拉取 Stream（数据），并使用 Bolt 进行处理和输出。默认情况下，Storm 提供了"at least once"（每条数据被至少消费一次）的保证。当一些特殊情况（如服务器故障等）发生时，可能会导致重复消费。为了实现"exactly once"（有且仅有一次消费），Storm 引入了 Trident。Trident 可以将 Storm 的单条处理方式改变为微批处理方式，但同时也会对 Storm 的处理能力产生一定的影响。

图 1-10 所示为 Apache Storm 官网页面，网址为 http://storm.apache.org。

图 1-10　Apache Storm 官网页面

（3）混合处理系统

一些处理框架可同时处理批处理和流处理工作负载。这些框架可以用相同或相关的组件和 API 处理两种类型的数据，借此让不同的处理需求得以简化，这就是混合处理系统。混合处理系统意在提供一种数据处理的通用解决方案。这种框架不仅可以提供处理数据所需的方法，而且提供了自己的集成项、库、工具，可胜任图形分析、机器学习、交互式查询等多种任务。

当前主流的混合处理框架主要为 Spark 和 Flink。

Spark 由加州大学伯克利分校 AMP 实验室开发，最初的设计受到了 MapReduce 思想的启发，但不同于 MapReduce 的是，Spark 通过内存计算模型和执行优化大幅提高了对数据的处理能力（在不同情况下，速度可以达到 MapReduce 的 10～100 倍，甚至更高）。相比于 MapReduce，Spark 具有以下优点。

1）提供了内存计算模型弹性分布式数据集（Resilient Distributed Dataset，RDD），将数据读入内存中生成一个 RDD，再对 RDD 进行计算，并且每次的计算结果都可以缓存在内存中，减少了磁盘的读写，因此非常适用于迭代计算。

2）不同于 MapReduce 的 MR 模型，Spark 采用了 DAG 编程模型，将不同步骤的操作串联成一个有向无环图，可以有效减少任务间的数据传递，提高了性能。

3）提供了丰富的编程模型，可以轻松实现过滤、连接、聚合等操作，代码量相比 MapReduce 少到"令人惊讶"，因此，可以提高开发人员的生产力。

4）支持 Java、Scala、Python 和 R 四种编程语言，为不同语言的使用者降低了学习成本。

图 1-11 所示为 Apache Spark 官网页面，网址为 http://spark.apache.org。

图 1-11　Apache Spark 官网页面

Apache Flink 是一个框架和分布式处理引擎，用于对无界和有界数据流进行有状态计算。Flink 被设计在所有常见的集群环境中运行，以内存执行速度和任意规模来执行计算。

Flink 的分布式特点体现在它能够在成百上千台机器上运行，它将大型的计算任务分成许多小的部分，每个机器执行一部分。Flink 能够自动地确保发生机器故障或者其他错误时计算能够持续进行，或者在修复 bug、进行版本升级后有计划地再执行一次。这种能力使得开发人员不需要担心运行失败。Flink 本质上使用容错性数据流，这使得开发人员可以分析持续生成且永远不结束的数据（即流处理）。

（4）主流框架的选择与比较

在实际工作中，大数据系统可使用多种处理技术。对于仅需要批处理的工作负载，如果对时间不敏感，比其他解决方案实现成本更低的 Hadoop 将会是一个好的选择。

对于仅需要流处理的工作负载，Storm 可支持更广泛的语言并实现极低延迟的处理，但默认配置可能产生重复结果并且无法保证顺序。

对于混合型工作负载，Spark 可提供高速批处理和微批处理模式的流处理。该技术的支持更完善，具备各种集成库和工具，可实现灵活的集成。Flink 提供了真正的流处理并具备批处理能力，通过深度优化可运行针对其他平台编写的任务，提供低延迟的处理，目前在其相关领域内已经被认为是非常成熟的技术栈。

解决方案的选择主要取决于待处理数据的状态、对处理所需时间的需求，以及希望得到的结果。具体是使用全功能解决方案还是主要侧重于某种项目的解决方案，这个问题需要慎重权衡。随着大数据框架的逐渐成熟和被广泛接受，在评估任何新出现的创新型解决方案时都需要考虑类似的问题。

1.2 大数据的意义

1.2.1 大数据的国家战略意义

大数据是一个事关我国经济社会发展全局的战略性产业，大数据技术为社会经济活动提供决策依据，提高各个领域的运行效率，提升整个社会经济的集约化程度，对于我国经济发展转型具有重要的推动作用。

因此，如何发展大数据已经成为国家、社会、产业的一个重要话题。

近年来，中国在大数据领域的发展势头强劲，已经逐渐成为全球大数据发展的重要领军力量。中国大数据产业的高速增长，离不开国家对于大数据发展的战略重视。自 2015 年起，中国政府相继出台了多项政策，鼓励和支持大数据产业的发展。这些政策不仅涵盖了推进数据中心等基础设施建设、加强数据资源整合共享，更注重推动大数据在各行各业的应用创新。

从国家层面上讲，大数据在推动中国经济转型方面也将发挥重要作用。其一，通过大数据的分析可以帮助解决中国城镇化发展中面临的住房、教育、交通等难题。例如，在城市发展中，大数据是"智慧城市"建设不可或缺的组成部分。通过对交通流量数据的实时采集和分析，可以指导驾驶者选择最佳路线，改善城市交通状况。其二，通过大数据的研究有助于推动钢铁、零售等传统产业升级，向价值链高端发展。其三，大数据的应用可以帮助中国在发展战略性新兴产业方面迅速站稳脚跟，巩固并提升竞争优势。

1.2.2 大数据的企业意义

考虑到当今各种在线企业应用需求的巨大增长，如何有效使用数据可能是一项艰巨的任务，特别是随着新数据源数量的增加，对新数据的需求以及对提高处理速度的需求大幅增加。例如，沃尔玛每小时约有 100 万笔交易，如何应对大数据时代的到来已经成为每一个企业需要面对的问题。

大数据在许多企业应用程序中的确扮演着相当重要的角色。大数据的应用为企业带来的好处有以下几个。

1）结合各种传统企业数据对大数据进行分析和提炼，使企业具有更深入透彻的洞察力，可以带来更高的生产力，更强的竞争力。

2）正确的数据分析可以帮助企业做出明智的业务经营决策。这里所谈的数据包括来自企业业务系统的订单、库存、交易账目、客户和供应商资料、行业和竞争对手的数据，以及其他外部环境中的各种数据。而商业智能能够辅助的业务经营决策既可以是作业层的，也可以是管理层和策略层的。

3）促进企业决策流程。增进企业的信息整合与信息分析的能力，汇总公司内、外部的资料，整合成有效的决策信息，让企业经理人大幅提高决策效率及改善决策品质，因此很大程度上影响了企业的经营和绩效。

1.2.3　我国大数据市场的预测

大数据已成为驱动经济发展的新引擎，大数据应用范围和应用水平将加速我国经济结构调整，深度改变我们的生产生活方式。可以预见，在"十四五"期间我国的大数据将有以下发展。

- 大数据产业规模持续增长。大数据产业包括数据资源建设，大数据软硬件产品开发、销售和租赁活动，以及相关信息技术服务。可以说，大数据产业贯穿数据全生命周期。从技术发展趋势来看，大数据产业正步入集成创新和泛在赋能的新阶段。大数据与5G、云计算、人工智能、区块链等新技术加速融合，推动大数据技术架构、产品形态和服务模式加快转变。大数据深度融入各行业、各领域，推动基于大数据的管理和决策模式日益成熟，加快了其数字化转型进程。2022年，我国大数据产业规模达1.57万亿元，同比增长18%，成为推动数字经济发展的重要力量。
- 数据要素价值不断释放。数据是新时代重要的生产要素，是国家基础性战略资源。大数据产业提供全链条大数据技术、工具和平台，深度参与数据要素"采、存、算、管、用"全生命周期活动，是激活数据要素潜能的关键支撑。"十四五"时期，我国进入由工业经济向数字经济大踏步迈进的关键时期，经济社会数字化转型成为大势所趋，数据上升为新的生产要素，数据要素价值释放成为重要命题。
- 发展大数据产业的客观条件不断优化。当前，大数据产业发展的市场驱动方即大数据应用意识快速提升，需求日益迫切，具体表现为政府、企业乃至个人在做决策时越来越倾向于以大数据分析结论作为重要依据，越来越认同大数据的价值。同时，基于我国人口数量和市场规模优势，各行业大数据积累速度较快，为大数据产业加速发展提供了优势条件。

1.3　大数据的产业链分析

1.3.1　技术分析

大数据不仅是一个热门词汇，更代表了一个蓬勃发展的产业。从技术上讲，大数据产业链的结构如图1-12所示。

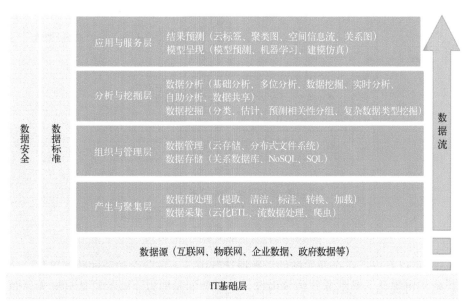

图 1-12 大数据产业链的结构

从图 1-12 可以看出，大数据产业链的参与者主要包括数据提供商（数据源）、基础设施提供商（产生与聚集层）、分析技术提供商（组织与管理层、分析与挖掘层）和业务应用提供商（应用与服务层）。

- 数据提供商，主要负责基础数据的生成和各方数据段融合。
- 基础设施提供商，主要负责数据库平台的管理和建设，以及云设施的建设。
- 分析技术提供商，主要负责分析技术、分析服务和分析工具的提供，以及数据可视化的实现。
- 业务应用提供商，主要负责大数据的软件开发与应用。

1.3.2 运营分析

大数据运营是指以企业海量数据的存储和分析挖掘应用为核心支持、企业全员参与，以精准化、细分化和精细化为特点的运营制度和战略。

大数据运营与大数据分析不同，它把着重点放在了运营上，而大数据仅仅是工具和途径。相比于传统的数据挖掘和分析，运营所强调的是以业务为主线和出发点，大数据部门并不仅是在外部运行的所谓的"支持部门"，而更多的是和业务紧密联系在一起的"半业务部门"，共同推进业务目标的实现。

首先，在运营中需要有企业全员参与的意识，只有所有部门员工达成这种意识，自觉运用简单或复杂的数据分析工具，才能真正助力企业从数据中发掘信息财富。其次，在运营中把握，运营后反馈、修正，提升预见能力和掌控能力，而不是被动地抄绩效报表；客服不再满足于为客户提供服务，而是有意识地挖掘有价值的客户新需求；企业数据挖掘团队也不再是孤军奋战于技术及项目工作，而是肩负企业全员的数据意识、数据运用技巧的推广责任。只有这样，数据部门才能够将其精神、血脉融于企业之中，带动其他各部门联动，发挥出数据资产真正的价值。

以国内的广告业为例，在大数据运营中的主要实现方式如图 1-13 所示。

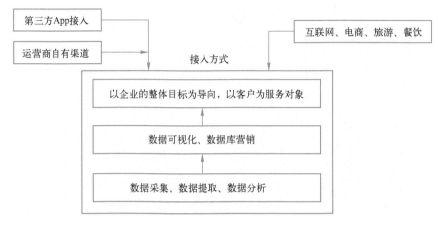

图 1-13　广告业的大数据运营方式

从图 1-13 可以看出，在企业实施的大数据运营中，不仅包含传统的数据采集、数据提取、数据分析、数据可视化、数据库营销等内容，更重要的是要以企业的整体目标为导向，以客户为服务对象，以企业发展为支撑，以运营为驱动，并涵盖运营的各个方面，如将运营商大数据、广告行业中的客户画像及广告交易运营管理紧密结合在一起，最终实现构建企业"数据运营"的文化。

1.4　大数据与云计算

1.4.1　云计算概述

云计算概述

1. 云计算介绍

现阶段对云计算的定义有多种说法。广为接受的说法是美国国家标准与技术研究院（NIST）的定义：云计算是一种按使用量付费的模式，这种模式提供可用的、便捷的、按需的网络访问，进入可配置的计算资源共享池（资源包括网络、服务器、存储、应用软件、服务），这些资源能够被快速提供，只需要投入管理工作，或与服务供应商进行很少的交互。

云计算是一种基于互联网的计算方式，通过这种方式，共享的软硬件资源和信息可以按需提供给计算机和其他设备。云其实是网络、互联网的一种比喻说法。云计算的核心思想是将大量用网络连接的计算资源统一管理和调度，构成一个计算资源池向用户按需服务。提供资源的网络被称为"云"。狭义云计算是指 IT 基础设施的交付和使用模式，指通过网络以按需、易扩展的方式获得所需资源；广义云计算是指服务的交付和使用模式，指通过网络以按需、易扩展的方式获得所需服务。

2. 云计算的特征

总结起来，云计算有五大特性。

（1）基于互联网络

云计算是通过把一台台的服务器连接起来，使服务器之间可以相互进行数据传输，数据就像网络上的"云"一样在不同服务器之间"飘",同时通过网络向用户提供服务。

（2）按需服务

"云"的规模是可以动态伸缩的。在使用云计算服务的时候，用户所获得的计算机资源是按用户个性化需求增加或减少的，并在此基础上对自己使用的服务进行付费。

（3）资源池化

资源池是对各种资源（如存储资源、网络资源）进行统一配置的一种配置机制。从用户角度看，无需关心设备型号、内部结构、实现的方法和地理位置，只需关心自己需要什么服务。从资源的管理者角度来看，最大的好处是资源池可以近乎无限地增减和更换设备，并且管理、调度资源十分便捷。

（4）安全可靠

云计算必须要保证服务的可持续性、安全性、高效性和灵活性。对于提供商来说，必须采用各种冗余机制、备份机制、足够安全的管理机制等，从而保证用户的数据和服务安全可靠。对于用户来说，只要支付一笔费用，即可得到供应商提供的专业级安全防护，从而节省大量时间与精力。

（5）资源可控

云计算提出的初衷是让人们可以像使用水电一样便捷地使用云计算服务，极大地方便人们获取计算服务资源，并大幅度提升计算资源的使用率，有效节约成本，使得资源在一定程度上属于"控制范畴"。但如何对云计算服务进行合理的、有效的计费，仍是一项值得业界关注的课题。

3. 云计算的体系

云计算的体系结构由 5 部分组成，分别为应用层、平台层、资源层、用户访问层和管理层，如图 1-14 所示，云计算的本质是通过网络提供服务，所以其体系结构以服务为核心。

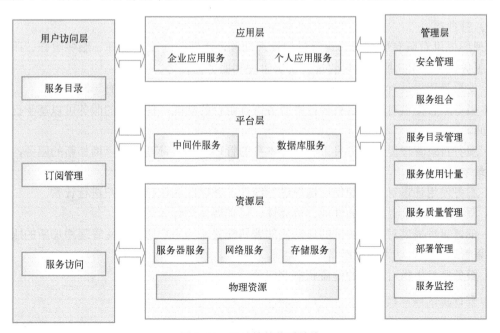

图 1-14 云计算的体系结构

（1）资源层

资源层是指基础架构层面的云计算服务，这些服务可以提供虚拟化的资源，从而隐藏物理资源的复杂性，主要包含物理资源、服务器服务、网络服务和存储服务等。

1）物理资源指的是物理设备，如服务器等。

2）服务器服务指的是操作系统的环境，如 Linux 集群等。

3）网络服务指的是提供的网络处理能力，如防火墙、VLAN、负载等。

4）存储服务为用户提供存储能力。

（2）平台层

平台层为用户提供对资源层服务的封装，使用户可以构建自己的应用，主要包含中间件服务和数据库服务等。

1）数据库服务提供可扩展的数据库处理能力。

2）中间件服务为用户提供可扩展的消息中间件或事务处理中间件等服务。

（3）应用层

应用层主要提供软件服务。主要包含企业应用服务和个人应用服务等。

1）企业应用服务是指面向企业的各种服务，如财务管理、客户关系管理、商业智能等。

2）个人应用服务是指面向个人用户的服务，如电子邮件、文本处理、个人信息存储等。

（4）用户访问层

用户访问层提供方便用户使用云计算服务的各种支撑服务，针对每个层次的云计算服务都需要提供相应的访问接口，主要包含服务目录、订阅管理和服务访问等。

1）服务目录是一个服务列表，用户可以从中选择需要使用的云计算服务。

2）订阅管理是提供给用户的管理功能，用户可以查阅自己订阅的服务，或者终止订阅的服务。

3）服务访问是针对每种层次的云计算服务提供的访问接口，针对资源层的访问可能是远程桌面或者本地 Windows，针对应用层的访问，提供的接口可能是 Web。

（5）管理层

管理层提供对所有层次云计算服务的管理功能，主要包含安全管理、服务组合、服务目录管理、服务使用计量、服务质量管理、部署管理和服务监控等。

1）安全管理提供对服务的授权控制、用户认证、审计、一致性检查等功能。

2）服务组合提供对自己已有云计算服务进行组合的功能，使得新的服务可以基于已有服务创建时间。

3）服务目录管理提供服务目录和服务本身的管理功能，管理员可以增加新的服务，或者从服务目录中删除服务。

4）服务使用计量对用户的使用情况进行统计，并以此为依据对用户进行计费。

5）服务质量管理对服务的性能、可靠性、可扩展性进行管理。

6）部署管理提供对服务实例的自动化部署和配置，当用户通过订阅管理增加新的服务订阅后，部署管理模块自动为用户准备服务实例。

7）服务监控提供对服务的健康状态的记录。

4. 云计算的服务模式

随着云计算的发展，如今，几乎每个企业都计划或正在使用云计算，但不是每个企业都使用相同类型的云模式。实际上有三种不同的云模式：公有云，私有云和混合云。

（1）公有云

公有云通常是指第三方提供商用户能够使用的云，一般可将虚拟化和云化软件部署在云计算供应商的数据中心，用户无需硬件投入，只需要登录账号使用。公有云一般可通过互联网使用，可能是免费或成本低廉的。这种云有许多实例，可在当今整个开放的公有网络中提供服务，比如经常使用且比较典型的公有云有：AWS 亚马逊、阿里云、微软的 Azure、腾讯云、金山云、华为云等。公有云的核心属性是共享服务资源。公有云的最大意义是能够以低廉的价格，提供有吸引力的服务给最终用户，创造新的业务价值。公有云作为一个支撑平台，还能够整合上游的服务（如增值业务、广告）提供者和下游最终用户，打造新的价值链和生态系统。它使客户能够访问和共享基本的计算机基础设施，其中包括硬件、存储和带宽等资源。

（2）私有云

私有云是一个公司或个人使用的特定云环境，是为一个用户单独使用而构建的，核心属性是专有资源，因此在数据安全性以及服务质量上自己可以有效地管控。不同于公有云模式中共享设施的使用，私有云模式中每个公司使用的服务器或存储应用都是单独的。通常来讲私有云实现的基础是要拥有基础设施并可以控制在此设施上部署应用程序的方式，一般来讲私有云可以部署在企业数据中心的防火墙内。

创建私有云的方式一般有两种：一种是使用 OpenStack 等开源软件来实现，其中 OpenStack 是当前最流行的开源云平台管理项目，它为私有云和公有云提供可扩展的弹性云计算服务。另一种是购买商业解决方案，但通常价格较贵。

（3）混合云

混合云是公有云和私有云两种服务方式的结合，它融合了公有云与私有云的优劣势。混合云综合了数据安全性及资源共享性双重方面的考虑，个性化的方案达到了省钱、安全的目的，从而获得越来越多企业的青睐。

由于安全和控制原因，并非所有的企业信息都能放置在公有云上，这样大部分已经应用云计算的企业将会使用混合云模式。比如对一些零售商来说，他们的操作需求会随着假日的到来而剧增，或者是有些业务会有季节性的上扬。同时混合云也为其他目的的弹性需求提供了一个很好的基础，比如灾难恢复。这意味着私有云把公有云作为灾难转移的平台，并在需要的时候去使用它。这是一个极具成本效应的理念。另一个好的理念是，使用公有云作为一个选择性的平台，同时选择其他的公有云作为灾难转移平台。

1.4.2　大数据与云计算的联系与区别

1. 大数据与云计算的联系

大数据与云计算机都较好地代表了 IT 界的发展趋势，二者相互联系，密不可分。大数据的本质就是利用计算机集群来处理大批量的数据，大数据技术的关注点在于如何将数据分发给不同的计算机进行存储和处理。

而云计算的本质就是将计算能力作为一种较小颗粒度的服务提供给用户，按需使用和付费，体现了以下特点。

● 经济性，不需要购买整个服务器。

- 快捷性，即刻使用，不需要长时间的购买和安装部署流程。
- 弹性，随着业务增长可以购买更多的计算资源，可以在需要时购买几十台服务器的 1 个小时时间，运算完成就释放。
- 自动化，不需要通过人来完成资源的分配和部署，通过 API 可以自动创建云主机等服务。

用一句话描述就是云计算机是计算机硬件资源的虚拟化，而大数据是对于海量数据的高效处理。图 1-15 显示了大数据与云计算的关系。

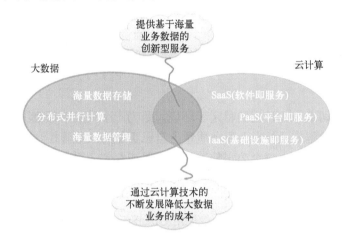

图 1-15　大数据与云计算的关系

从图 1-15 可以看出，大数据与云计算结合后会产生如下效应：可以提供更多基于海量业务数据的创新型服务；通过云计算技术的不断发展降低大数据业务的创新成本。

2. 大数据与云计算的区别

如果将云计算与大数据进行一些比较，最明显的区分在两个方面。

1）在概念上两者有所不同，云计算改变了 IT，而大数据则改变了业务。然而大数据必须有云作为基础架构才能顺畅运营。

2）大数据和云计算的目标受众不同，云计算是 CIO 等关心的技术层，是一个进阶的 IT 解决方案。而大数据是 CEO 关注的、是业务层的产品，而大数据的决策者是业务层。

综上所述，大数据和云计算二者已经彼此渗透，密不可分，相互融合，在很多应用场合都可以看到二者的身影。未来二者会继续影响，更好地服务于人们的生活和学习。

1.5　大数据与人工智能

1.5.1　人工智能概述

1. 人工智能介绍

人工智能（Artificial Intelligence，AI）是研究、开发用于模拟、延伸和扩展人的智能的理论、方法、技术及应用系统的一门新的技术科学。人工智能研究的一个主要目标是使机器能够胜任一些通常需要人类智能才能完成的复杂工作。

用一句话描述就是，人工智能是对人脑思维过程的模拟与思维能力的模仿，但不可否认的是，随着计算机计算能力和运行速度的不断提高，机器的智能化程度是人脑不能相比的。如2006 年浪潮天梭就可以击败中国象棋的职业顶尖棋手；2016 年 AlphaGo 已经击败了人类最顶尖的职业围棋棋手。

2.　人工智能的分类

人工智能可分为三类：弱人工智能、强人工智能与超人工智能。

弱人工智能就是利用现有智能化技术，来改善经济社会发展所需要的一些技术条件和发展功能，也指单一做一项任务的智能。如曾经战胜世界围棋冠军的人工智能 AlphaGo，尽管它很厉害，但它只会下围棋。再如苹果公司的 Siri 就是一个典型的弱人工智能，它只能执行有限的预设功能。同时，Siri 目前还不具备智力或自我意识，它只是一个相对复杂的弱人工智能体。图 1-16 显示了扫地机器人，图 1-17 显示了下棋机器人。

图 1-16　扫地机器人　　　　　　　　　　图 1-17　下棋机器人

强人工智能则是综合的，它是指在各方面都能和人类比肩的人工智能，人类能做的脑力活它都能做。强人工智能非常接近于人的智能，但这也需要脑科学的突破才能实现。一般认为，一个可以称得上强人工智能的程序，大概需要具备以下几个方面的能力：第一，存在不确定因素时进行推理，使用策略，解决问题，制定决策的能力；第二，知识表示的能力，包括常识性知识的表示能力；第三，规划能力；第四，学习能力；第五，使用自然语言进行交流沟通的能力；第六，将上述能力整合起来，实现既定目标的能力。此外，在强人工智能的定义里存在一个关键的专业性问题：强人工智能是否有必要具备人类的意识？有些研究者认为只有具备人类意识的人工智能才可以叫强人工智能；另一些研究者认为，强人工智能只需要具备胜任人类所有工作的能力就可以了，未必需要人类的意识。一旦牵涉"意识"，强人工智能的定义和评估标准就会变得异常复杂，而人们对于强人工智能的担忧也主要来源于此。不过目前普遍认为人类意识是知情意的统一体，而人工智能只是对人类的理性智能的模拟和扩展，不具备情感、信念、意志等人类意识形态。

哲学家、牛津大学人类未来研究院院长尼克·波斯特洛姆（Nick Bostrom）把超人工智能（Artificial Super Intelligence，ASI）定义为"在几乎所有领域都大大超过人类认知表现的任何智力"。首先，超人工智能能实现与人类智能等同的功能，即可以像人类智能实现生物上的进化一样，对自身进行重编程和改进，这也就是"递归自我改进功能"。其次，波斯特洛姆还提到，"生物神经元的工作峰值速度约为 200Hz，比现代微处理器（约 2GHz）慢了整整 7 个数量级"，同时，"神经元在轴突上 120m/s 的传输速度也远远低于计算机比肩光速的通信速度"。这使得超人工智能的思考速度和自我改进速度远远超过人类，人类作为生物上的生理限制将统统不适用于机器智能。

现阶段所实现的人工智能大部分指的是弱人工智能，并且已经被广泛应用。一般而言，限于弱人工智能在功能上的局限性，人们更愿意将弱人工智能看成是人类的工具，而不会将弱人工智能视成威胁。

3. 人工智能的核心因素

目前，人工智能的发展可谓如火如荼。人工智能是利用机器学习和数据分析，对人的意识和思维过程进行模拟、延伸和拓展，赋予机器类人的能力。其实，人工智能是有三大核心要素的，那就是算法、算力、数据。

（1）算法

算法是一组解决问题的规则，是计算机科学中的基础概念。人工智能是指计算机系统能够模仿人类智能的一种技术，其核心是算法。人工智能算法是数据驱动型算法，是人工智能背后的推动力量。主流的算法主要分为传统的机器学习算法和神经网络算法，目前神经网络算法因为深度学习（源于人工神经网络的研究，特点是试图模仿大脑的神经元之间传递和处理信息的模式）的快速发展而达到了高潮。

随着大计算能力和大数据的长足发展，人工智能算法迎来飞跃时期，人工智能借助算法、算力和数据三驾马车，使其具有了区别于普通法律客体的类人性学习、思考、辨别和决策等能力。例如，AlphaGo 在比赛中击败人类的关键就在于人工智能算法的运用。2012 年 10 月，在代表计算机智能图像识别最前沿的 ImageNet 竞赛中，人工智能算法在识别准确率上突飞猛进，甚至超过了普通人类的肉眼识别准确率，由此开启了人工智能算法的爆发时期。目前，人工智能算法迅速在语音识别、数据挖掘、自然语音处理等不同领域攻城略地，其被推向了各个主流应用领域，如交通运输、银行、保险、医疗、教育和法律等，快速实现人工智能技术与产业链条的有机结合。

（2）算力

算力是指计算机或其他计算设备在一定时间内可以处理的数据量或完成计算任务的数量。算力通常被用来描述计算机或其他计算设备的性能，它是衡量一台计算设备处理能力的重要指标。算力概念的起源可以追溯到计算机发明之初，最初的计算机是由机械装置完成计算任务，而算力指的是机械装置的计算能力。随着计算机技术的发展，算力的概念也随之演化，现在的算力通常指的是计算机硬件（CPU、GPU、FPGA 等）和软件（操作系统、编译器、应用程序等）协同工作的能力。在人工智能技术中，算力是算法和数据的基础设施，它支撑着算法和数据，进而影响人工智能的发展。算力的大小代表了数据处理能力的强弱。

算法和算力之间的联系在于，算法的效率和优化程度直接影响计算机的算力。一个优化良好的算法能够更好地利用计算机的硬件资源，提高计算机的性能和算力。因此，在进行计算机编程和人工智能算法设计时，需要考虑如何最大化地利用计算机的算力，同时设计高效的算法以提高计算效率。

（3）数据

实现人工智能的首要因素是数据，数据是一切智慧物体的学习资源，没有了数据，任何智慧体都很难学习到知识。在如今这个时代，无时无刻不在产生数据（包括语音、文本、影像等），人工智能产业的飞速发展，也萌生了大量垂直领域的数据需求。

人工智能系统的核心是训练的框架加上数据。在实际的工程应用中我们发现，人工智能系统落地效果的好坏只有 20% 取决于算法，80% 取决于数据的质量。可以说数据是人工智能的"原油"。因此人们应该更加关注数据层面。全球领先的信息技术研究和咨询公司 Gartner 在《2023 年十大战略技术趋势》中"适应 AI 系统"的趋势中提到，适应 AI 系统通过不断反复训练模型并在运行和开发环境中使用新的数据进行学习，才能迅速适应在最初开发过程中无法预见的现实世界情况变化。

1.5.2　大数据与人工智能的联系与区别

1. 大数据与人工智能的联系

大数据与人工智能之间存在协同关系。人工智能需要大量的数据来学习和改进决策过程，大数据分析利用人工智能进行更好的数据分析。例如，在医疗领域中，人工智能可以通过分析大量的医疗数据，提高医生对疾病的诊断准确率；在金融领域中，人工智能可以通过分析大量的交易数据，提高金融风险的识别和管理能力。

此外，人工智能不仅可以从大数据中学习和发现规律，还可以为大数据的处理和分析提供更高效、更精准的工具和方法。例如，机器学习可以自动分析大量的数据，发现其中的规律和趋势，提供更精准的预测和决策支持。

图 1-18 显示了人工智能通过不断学习来挖掘更多的数据价值。

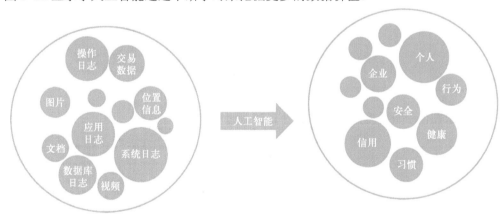

图 1-18　人工智能通过不断学习来挖掘更多的数据价值

2. 大数据与人工智能的区别

如果将大数据与人工智能进行比较，最明显的区别体现在以下两个方面。

1）在概念上两者有所不同。大数据和云计算可以理解为技术上的概念，人工智能是应用层面的概念，人工智能的技术前提是云计算和大数据。

2）在实现上，大数据主要是依靠海量数据来帮助人们对问题做出更好的判断和分析，而人工智能是一种计算形式，它允许机器执行认知功能，如对输入起作用或做出反应，类似于人类的做法，并能够替代人类对认知结果做出决定。

综上所述，虽然人工智能和大数据有很大的区别，但它们仍然能够很好地协同工作。二者相互促进，相互发展。大数据为人工智能的发展提供了足够多的样本和数据模型，因此，没有大数据就没有人工智能。

1.6 实训1 用百度指数进行大数据分析

1. 实训目的

通过本实训了解大数据的特点，能进行与大数据有关的简单操作。

实训　用百度指数进行大数据分析

2. 实训内容

1）输入网址 http://www.index.baidu.com/v2/index.html#/，进入百度指数的首页，并注册为新用户。

2）在搜索栏中输入搜索对象"智能机器人"，如图1-19所示。

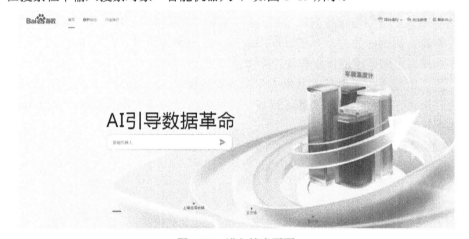

图1-19　进入搜索页面

3）在需求图谱中查看搜索指数，如图1-20所示。

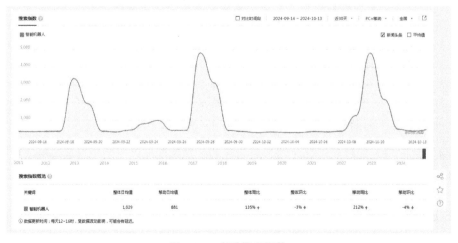

图1-20　查看搜索指数

4）在需求图谱中查看资讯指数，如图1-21所示。

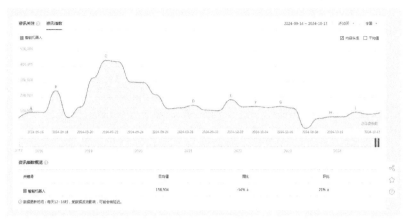

图 1-21　查看资讯指数

5）在人物画像中查看地域分布，如图 1-22 所示。

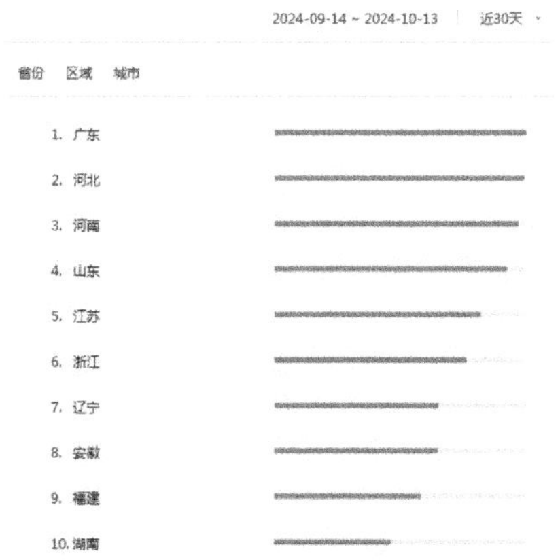

图 1-22　查看地域分布

6）在人物画像中查看人群属性，如图 1-23 所示。

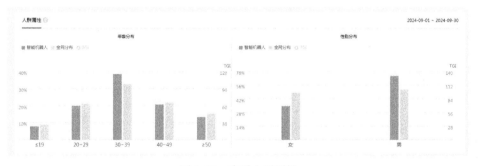

图 1-23　查看人群属性

1.7　实训 2　确定数据的不同类型

1. 实训目的

通过本实训了解大数据的特点，识别数据的不同类型。

2．实训内容

小明所在公司要对存储的各种类型的数据进行分类，请帮助小明对下列数据集分类，指出其中的结构化数据、非结构化数据和半结构化数据。

- 汽车公司理赔数据、医院病人数据、学生成绩数据、社交网站上的数据、电话中心数据。
- 手机中的 App 健康管理数据、天气记录数据、监狱犯人记录数据、人口普查数据。
- 网页日志数据、公司财务报表数据、电子相册数据、CD 唱片数据、短信数据。
- 腾讯的社交数据、电子邮件数据、MP3 数据、电话录音数据、航空预订系统数据。
- XML 数据、JSON 数据、交通传感器数据、地震图像数据、海洋图像数据。

1.8 实训 3 了解阿里云的使用

1．实训目的

通过本章实训了解云计算的特点，能进行与云计算有关的简单操作。

2．实训内容

1）输入网址 https://www.aliyun.com/，进入阿里云的首页，并注册为新用户。

2）在"产品分类"中选择"云计算基础"，在该页面中查看各种云计算服务，如图 1-24 所示。

图 1-24 查看云计算服务

本章小结

1）大数据是指无法在一定时间范围内用常规软件工具进行捕捉、管理和处理的数据集合，是需要新处理模式才能具有更强的决策力、洞察发现力和流程优化能力的海量、高增长率和多样化的信息资产。

2）大数据一般具有四个特征：数据量大、数据类型繁多、数据产生速度快和数据价值密度低。

3）大数据的应用无处不在，从金融业到娱乐业，从制造业到互联网业，从物流业到运输业，到处都有大数据的身影。

4）大数据的关键技术包含数据采集、大数据预处理、大数据存储和大数据分析与挖掘。

5）按照对所处理的数据形式和得到结果的时效性分类，大数据处理框架可以分为三类：批处理系统、流处理系统和混合处理系统。

6）大数据是一个事关我国经济社会发展全局的战略性产业，大数据技术为社会经济活动提供决策依据，提高各个领域的运行效率，提升整个社会经济的集约化程度，对于我国经济发展转型具有重要的推动作用。

7）大数据运营是指以企业海量数据的存储和分析挖掘应用为核心支持、企业全员参与，以精准化、细分化和精细化为特点的运营制度和战略。

习题 1

简答题

1. 请阐述什么是大数据。
2. 大数据对当今世界有哪些影响？
3. 大数据有哪些框架？
4. 企业应当如何应对大数据时代的挑战？
5. 大数据和云计算的联系和区别是什么？
6. 请阐述结构化数据和非结构化数据的区别和联系。
7. 请阐述大数据运营的特点。
8. 简述如何使用百度指数。

第2章 大数据架构

📋 **本章学习目标**

- 了解大数据架构的概念及类型。
- 了解 Hadoop 架构的发展史及核心组件。
- 了解 HDFS 的概念及操作。
- 了解 MapReduce 的概念及设计方式。
- 掌握 Hadoop 的搭建。

2.1 大数据架构概述

2.1.1 大数据架构介绍

大数据架构

大数据架构是用于提取和处理大量数据的总体系统，因此可以针对业务目的进行分析。该架构可视为基于组织业务需求的大数据解决方案的蓝图。大数据架构旨在处理以下类型的工作。

- 批量处理大数据。
- 实时处理大数据。
- 预测分析和机器学习。

精心设计的大数据架构可以节省企业资金，并帮助其预测未来趋势，从而做出明智的业务决策。

企业数据处理平台的基础架构如图 2-1 所示，底层的数据经过数据处理平台处理后，最终为决策者所使用。

图 2-1 中，平台的各个架构层对应大数据处理平台的各个部分，得到大数据架构，如图 2-2 所示。

大数据架构可用于分析的数据量每天都在增长。而且，流媒体资源比以往更多，其中包括流量传感器、健康传感器、事务日志和活动日志中提供的数据。但拥有数据只是业务成功的一半。企业还需要能够理解数据，并及时使用它来影响关键决策。使用大数据架构可以帮助企业节省资金并做出关键决策，其中主要包括以下几点。

1）降低成本。在存储大量数据时，Hadoop 和基于云计算的分析等大数据技术可以显著地降低成本。

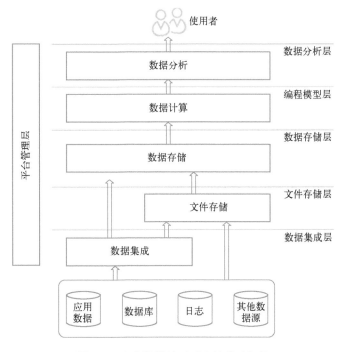

图 2-1　企业数据处理平台的基础架构

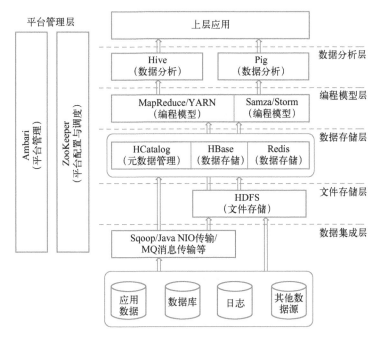

图 2-2　大数据架构

2）做出更快、更好的决策。使用大数据架构的流组件，企业可以实时做出决策。

3）预测未来需求并创建新产品。大数据架构可以帮助企业衡量客户需求并分析预测未来趋势。

2.1.2　大数据架构分类

目前围绕 Hadoop 体系的大数据架构主要有传统大数据架构、流式架构、Lambda 架构、Kappa 架构及 Unifield 架构等。

1. 传统大数据架构

之所以叫传统大数据架构，是因为其定位是为了解决传统商业智能（Business Intelligence，BI）的问题。简单来说，数据分析的业务没有发生任何变化，但是因为数据量、性能等问题导致系统无法正常使用，需要进行升级改造，那么此类架构便是为了解决这个问题。可以看到，其依然保留了 ETL 操作，将数据经过 ETL 操作后进行存储。

优点：简单，易懂，对于 BI 系统来说，基本思想没有发生变化，变化的仅仅是技术选择，用大数据架构替换掉 BI 的组件。

缺点：没有 BI 下完备的 Cube 架构。虽然目前有 Kylin，但是 Kylin 的局限性非常明显，远远没有 BI 下 Cube 架构的灵活度和稳定度，因此对业务支撑的灵活度不够，所以对于存在大量报表或者复杂的钻取的场景，需要太多的手工定制化，同时该架构依旧以批处理为主，缺乏实时的支撑。

适用场景：数据分析需求依旧以 BI 场景为主，但是因为数据量、性能等问题，无法满足日常使用。

2. 流式架构

在传统大数据架构的基础上，流式架构非常激进，直接去掉了批处理，全程以流的形式处理数据，所以在数据接入端没有了 ETL，转而替换为数据通道。经过流处理加工后的数据以消息的形式直接推送给消费者。虽然有一个存储部分，但是该存储更多地以窗口的形式进行存储，所以该存储并非发生在数据湖，而是在外围系统。

优点：没有臃肿的 ETL 过程，数据的时效性非常高。

缺点：对于流式架构来说，不存在批处理，因此对于数据的重播和历史统计无法很好地支撑。对于离线分析仅仅支撑窗口之内的分析。

适用场景：预警、监控，对数据有有效期要求的情况。

3. Lambda 架构

Lambda 架构算是大数据系统里面举足轻重的架构，大多数架构基本都是 Lambda 架构或者基于其变种的架构。Lambda 的数据通道分为两条分支：实时流和离线流。实时流依照流式架构，保障了其实时性，而离线流则以批处理方式为主，保障了最终一致性。

优点：既有实时流又有离线流，对于数据分析场景涵盖得非常到位。

缺点：离线流和实时流虽然面临的场景不相同，但是其内部处理的逻辑却是相同的，因此有大量冗余和重复的模块存在。

适用场景：同时存在实时和离线需求的情况。

4. Kappa 架构

Kappa 架构在 Lambda 的基础上进行了优化，将实时流和离线流部分进行了合并，将数据通道以消息队列进行替代。因此对于 Kappa 架构来说，依旧以流处理为主，但是数据却在数据湖层面进行存储，当需要进行离线分析或再次计算的时候，则将数据湖中的数据再次经过消息队列重播一次则可。

优点：Kappa 架构解决了 Lambda 架构的冗余问题，以数据可重播的高超思想进行了设计，整个架构非常简洁。

缺点：虽然 Kappa 架构看起来简洁，但是实施难度相对较高，尤其是对于数据重播部分。

适用场景：和 Lambda 类似，该架构是针对 Lambda 架构的优化。

5. Unifield 架构

以上几种架构都以海量数据处理为主，Unifield 架构则更激进，将机器学习和数据处理融为一体。从核心上来说，Unifield 架构依旧以 Lambda 架构为主，不过对其进行了改造，在流处理层新增了机器学习层。可以看到，数据在经过数据通道进入数据湖后，新增了模型训练部分，并且将其在流式层进行使用。同时流式层不单使用模型，也包含对模型的持续训练。

优点：Unifield 架构提供了一套数据分析和机器学习结合的架构方案，非常好地解决了机器学习如何与数据平台进行结合的问题。

缺点：Unifield 架构实施复杂度更高，对于机器学习架构来说，从软件包到硬件部署都和数据分析平台有着非常大的差别。

适用场景：有大量数据需要分析，同时对机器学习方面又有非常大需求或规划的场景。

2.2　Hadoop 架构

2.2.1　Hadoop 介绍

Hadoop 架构

1. Hadoop 概述

Hadoop 是 Apache 软件基金会旗下的一个开源分布式计算平台。以 Hadoop 分布式文件系统（HDFS）和 MapReduce 为核心的 Hadoop 为用户提供了系统底层细节透明的分布式基础架构。HDFS 的高容错性、高伸缩性等优点允许用户将 Hadoop 部署在低廉的硬件上，形成分布式系统，为海量的数据提供了存储方法。MapReduce 分布式编程模型允许用户在不了解分布式系统底层细节的情况下开发并行应用程序，为海量的数据提供了计算方法。所以用户可以利用 Hadoop 轻松地组织计算机资源，从而搭建自己的分布式计算平台，并可以充分利用集群的计算和存储能力，完成海量数据的处理。经过业界和学术界长达 10 年的锤炼，目前的 Hadoop 2.0 版已经趋于完善，在实际的数据处理和分析任务中担当着不可替代的角色。

Hadoop 起源于谷歌的集群系统，谷歌的数据中心使用廉价 Linux PC 组成集群，运行各种应用，即使是分布式开发新手也可以迅速使用谷歌的基础设施。如今广义的 Hadoop 已经包括 Hadoop 本身和基于 Hadoop 的开源项目，并已经形成了完备的 Hadoop 生态链系统。

从狭义上来说，Hadoop 就是单独指代 Hadoop 这个软件；从广义上来说，Hadoop 指代大数据的一个生态圈，包括很多其他的软件，如图 2-3 所示。

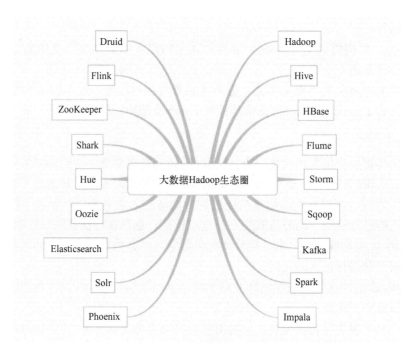

图 2-3　Hadoop 生态圈

2．Hadoop 的特点

Hadoop 有以下几个特点。

（1）Hadoop 是一个框架

很多初学者在学习 Hadoop 时，对 Hadoop 的本质并不十分了解，Hadoop 其实是由一系列软件库组成的框架。这些软件库也可称作功能模块，它们各自负责 Hadoop 的一部分功能，其中最主要的是 Common、HDFS 和 YARN。Common 提供远程调用 RPC、序列化机制，HDFS 负责数据的存储，YARN 则负责统一资源调度和管理等。

从字面上来看，Hadoop 没有任何实际的意义。Hadoop 这个名字不是缩写，它是一个虚构的名字。Hadoop 的创建者 Doug Cutting 这样解释 Hadoop 这一名称的来历："这个名字是我的孩子给一头吃饱了的棕黄色大象取的。我的命名标准是简短，容易发音和拼写，没有太多含义，并且不会被用于别处，小孩子是这方面的高手。" Hadoop 的标志如图 2-4 所示，欢快的黄色大象如今已深入人心。

（2）Hadoop 适合处理大规模数据

这是 Hadoop 一个非常重要的特点和优点，Hadoop 处理海量数据的能力十分可观，并能够实现分布式存储和分布式计算，有统一的资源管理和调度平台，扩展能力十分优秀。2008 年，Hadoop 打破 297s 的世界纪录，成为最快的 TB 级数据排序系统，仅用时 209s。

图 2-4　Hadoop 的标志

（3）Hadoop 被部署在一个集群上

承载 Hadoop 的物理实体是一个物理的集群。所谓集群，是一组通过网络互联的计算机，集群里的每一台计算机称为一个节点。Hadoop 被部署在集群之上，对外提供服务。当节点数量足够多时，故障将成为一种常态而不是异常现象，Hadoop 在设计之初就将故障的发生作为常态进行考虑，数据的灾备及应用的容错对于用户来说都是透明的，用户得到的只是一个提供高可用服务的集群。图 2-5 所示为 Hadoop 集群。

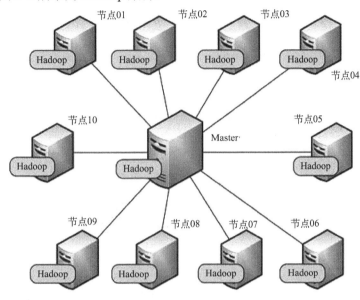

图 2-5　Hadoop 集群

2.2.2　Hadoop 发展史

Hadoop 原本来自于谷歌一款名为 MapReduce 的编程模型包。谷歌的 MapReduce 框架可以把一个应用程序分解为许多并行计算指令，跨大量的计算节点运行巨大的数据集。使用该框架的一个典型例子就是在网络数据上运行的搜索算法。Hadoop 最初只与网页索引有关，之后迅速发展成为分析大数据的领先平台。

Hadoop 的源头是 Apache Nutch，该项目始于 2002 年，是 Apache Lucene 的子项目之一。

Nutch 的设计目标是构建一个大型的全网搜索引擎，包括网页抓取、索引、查询等功能，但随着抓取网页数量的增加，遇到了严重的可扩展性问题——如何解决数十亿网页的存储和索引问题。之后，谷歌发表的两篇论文为该问题提供了可行的解决方案。一篇是 2003 年发表的关于谷歌分布式文件系统的论文，该论文描述了谷歌搜索引擎网页相关数据的存储架构。该架构可以解决 Nutch 遇到的网页抓取和索引过程中超大文件存储需求的问题。但由于谷歌未开源代码，Nutch 项目组便根据论文完成了一个开源实现，即 Nutch 分布式文件系统（Nutch Distributed File System，NDFS）。另一篇是 2004 年，谷歌在 "操作系统设计与实现"（Operating System Design and Implementation，OSDI）会议上公开发表了题为 "MapReduce: Simplified Data Processing on Large Clusters"（"MapReduce：简化大规模集群上的数据处理"）的论文。该论文描述了谷歌内部最重要的分布式计算框架 MapReduce 的设计艺术，该框架可用于处理海量网页的索引问题。之后，受到启发的 Doug Cutting 等人开始尝试实现 MapReduce 计算框架，并将它与 NDFS 结合，用于支持 Nutch 引擎的主要算法。由于 NDFS 和 MapReduce 在 Nutch 引擎中有着良好的应用，因此它们于 2006 年 2 月被分离出来，成为一套完整而独立的软件，并命名为 Hadoop。到了 2008 年年初，Hadoop 已成为 Apache 的顶级项目，包含众多子项目。它被应用到包括雅虎在内的很多互联网公司。例如，Hadoop 1.0.1 版本已经发展成为包含 HDFS、MapReduce 子项目，与 Pig、ZooKeeper、Hive、HBase 等项目相关的大型应用工程，迎来了它的快速发展期。

Hadoop 的历史版本分别如下。

- 0.×系列版本：Hadoop 中最早的一个开源版本，在此基础上演变出 1.× 以及 2.× 的版本。
- 1.×版本系列：Hadoop 版本中的第二代开源版本，主要修复 0.×版本的一些 bug 等。
- 2.×版本系列：架构产生重大变化，引入了 YARN 平台等许多新特性。
- 3.×版本系列：Hadoop 3.×是 Hadoop 的最新版本，该版本在功能和性能方面，对 Hadoop 内核进行了多项重大改进，最新版本包含 HDFSerasure 编码、YARNTimelineService 版本 2 的预览、YARN 资源类型以及云存储系统周围的改进功能和性能增强，包括 HadoopCommon，用于支持其他 Hadoop 模块、Hadoop 分布式文件系统、HadoopYARN 和 HadoopMapReduce。

2.2.3 Hadoop 核心组件

Hadoop 的三大核心组件分别是 HDFS、YARN 和 MapReduce。

- HDFS：Hadoop 的数据存储工具。
- YARN（Yet Another Resource Negotiator，另一种资源协调者）：Hadoop 的资源管理器。
- MapReduce：分布式计算框架。

1. HDFS

HDFS 是一个文件系统，用于存储文件，通过目录树来定位文件。它是分布式的，由很多服务器联合起来实现其功能，集群中的服务器有各自的角色。

HDFS 适合一次写入、多次读出的场景，且不支持文件的修改。它适合用来做数据分析，并不适合用来做网盘应用。

2. YARN

YARN 是一种新的 Hadoop 资源管理器，它是一个通用资源管理系统，可为上层应用提供统一的资源管理和调度。它的引入为集群在利用率、资源统一管理和数据共享等方面带来了巨大好处。通过 YARN，不同计算框架可以共享同一个 HDFS 集群上的数据，享受整体的资源调度。

YARN 的基本思想是将 JobTracker 的两个主要功能（资源管理和作业调度/监控）进行分离，主要方法是创建一个全局的 ResourceManager（RM）和若干个针对应用程序的 ApplicationMaster（AM）。这里的应用程序是指传统的 MapReduce 作业或作业的有向无环图（DAG）。

YARN 分层架构的本质是 ReduceManager。ResourceManager 是集群级别的管理器，负责整个集群资源的分配和调度。它维护了一个全局的资源视图，并决定了哪些应用程序可以使用哪些资源。ReduceManager 将各个资源部分（计算、内存、带宽等）精心安排给基础 NodeManager（YARN 的每节点代理）。ReduceManager 还与 ApplicationMaster 一起分配资源。

3．MapReduce

MapReduce 是谷歌公司于 2004 年提出的能并发处理海量数据的并行编程模型。其特点是简单易学、适用广泛，能够降低并行编程难度，让程序员从繁杂的并行编程工作中解脱出来，轻松地编写简单、高效的并行程序。

MapReduce 是一种编程模型，用于大规模数据集（大于 1TB）的并行运算。映射（Map）和归约（Reduce）概念是它们的主要思想，都是引用自函数式编程语言，引用自矢量编程语言的特性。它极大地方便了编程人员在不会分布式并行编程的情况下，将自己的程序运行在分布式系统上。

2.3　HDFS 概述

2.3.1　HDFS 的概念

1．HDFS 介绍

HDFS 是基于流数据模式访问和处理超大文件的需求而开发的，是一个分布式文件系统。它是在谷歌的 GFS 之后出现的另外一种文件系统。它有一定的容错性，且提供了高吞吐量的数据访问，非常适合应用在大规模数据集上。

HDFS 的设计特点如下。

1）大数据文件。HDFS 非常适合 TB 及 TB 以上级别的大文件或大量大数据文件的存储。

2）文件分块存储。HDFS 会将一个完整的大文件平均分块存储到不同计算机上，它的意义在于读取文件时可以同时从多台主机读取不同区块的文件，多主机读取比单主机读取效率要高得多。

3）流式数据访问。"一次写入，多次读写"这种模式跟传统文件不同，它不支持动态改变文件内容，而是要求文件一次写入就不做变化，要变化也只能在文件末添加内容。

4）减少成本。HDFS 可以应用在普通计算机上，这种机制让一些公司能够用几十台普通的计算机支撑起一个大数据集群。

5）硬件故障可恢复。HDFS 认为所有计算机都可能出问题，为了防止某台主机失效读取不到该主机的块文件，它将同一个文件块副本分配到其他某几台主机上，如果其中一台主机失效，可以迅速找另一块副本读取文件。

2．HDFS 优缺点

基于上述设计特点，HDFS 存在一系列的优点及缺陷。

HDFS 的优点如下。

1）处理超大文件。这里的超大文件通常是指 GB、TB 级的文件。

2）流式数据访问。HDFS 的设计建立在"一次写入，多次读写"任务的基础上。这意味着一个数据集一旦由数据源生成，就会被复制并分发到不同的存储节点中，然后响应各种各样的数据分析任务请求。在多数情况下，分析任务都会涉及数据集中的大部分数据，也就是说，对HDFS来说，请求读取整个数据集要比读取一条记录更加高效。

3）运行于廉价的商用机器集群上。Hadoop设计对应急需求比较低，只需运行在廉价的商用硬件集群上，而无须运行在昂贵的高可用性机器上。廉价的商用机也就意味着大型集群中出现节点故障情况的概率非常高。HDFS被设计成遇到上述故障时仍能够继续运行且不让用户察觉到明显的中断。

正是出于以上种种考虑，人们发现，现在HDFS在处理一些特定问题时不但没有优势，反而存在很多局限性，它的局限性及应对策略如下。

1）不适合低延迟数据访问。如果要处理一些用户要求时间比较短的低延迟应用请求，则HDFS不适合。HDFS是为了处理大型数据集分析任务的，主要是为达到高的数据吞吐量而设计的，这就可能要求以高延迟作为代价。

改进策略为：对于那些有低延迟要求的应用程序，HBase是一个更好的选择，通过上层数据管理项目尽可能地弥补这个不足。它在性能上有了很大的提升，它的口号是"实时运行"（goes real time）。使用缓存或多个Master设计可以降低客户端的数据请求压力，以减少延迟。

2）无法高效存储大量的小文件。小文件是指文件大小小于HDFS上块（block）大小的文件。这样的文件会给Hadoop的扩展性和性能带来严重问题。当Hadoop处理很多小文件时，由于FileInputFormat不会对小文件进行划分，因此每一个小文件都会被当成一个切片（Split）并分配一个映射（Map）任务，导致效率低下。

例如，一个1GB的文件，会被划分成16个64MB的切片，并分配16个映射任务处理，而10 000个100KB的文件会被10 000个映射任务处理。

改进策略为：要想让HDFS处理好小文件，有不少方法。利用SequenceFile、MapFile、Har等方式归档小文件，这个方法的原理就是把小文件归档起来管理，HBase就是基于此的。

3）不支持多用户写入及任意修改文件。HDFS的一个文件只有一个写入者，且写操作只能在文件末尾完成，即只能执行追加操作。目前HDFS还不支持多个用户对同一文件的写操作，及在文件任意位置进行修改。

3. HDFS构成

HDFS的关键元素包含Block、NameNode和DataNode。

- Block：将一个文件进行分块，通常一个块的大小是64MB。
- NameNode：保存整个文件系统的目录信息、文件信息及分块信息，由唯一一台主机专门保存。当然，如果这台主机出错，NameNode就失效了。从Hadoop 2.×开始支持activity-standy模式，即如果主NameNode失效，启动备用主机运行NameNode。
- DataNode：分布在廉价的计算机上，用于存储块文件。

一个完整的HDFS运行在一些节点之上，这些节点运行着不同类型的守护进程，如NameNode、DataNode、Secondary NameNode等，不同类型的节点相互配合、相互协作，在集群中扮演了不同的角色，一起构成了HDFS。

如图2-6所示，在一个典型的HDFS集群中，有一个NameNode、一个Secondary NameNode和至少一个DataNode，而HDFS客户端数量没有限制。所有的数据均存放在运行DataNode进程的节点的块里。

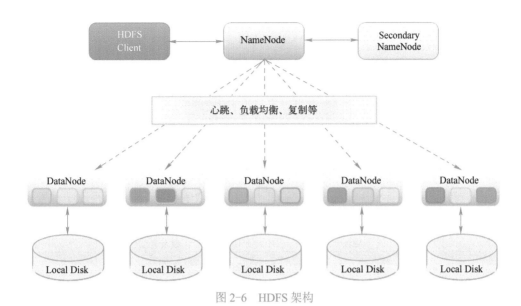

图 2-6　HDFS 架构

1）HDFS 客户端（HDFS Client）。HDFS 客户端是指用户和 HDFS 交互的手段，HDFS 提供了非常多的客户端，包括命令行接口、Java API、Thrift 接口、C 语言库、用户空间文件系统等。

2）元数据节点（NameNode）。NameNode 是管理者，一个 Hadoop 集群只有一个 NameNode 节点，是一个通常在 HDFS 实例中的单独机器上运行的软件。NameNode 主要负责 HDFS 文件系统的管理工作，具体包括命名空间（NameSpace）管理和文件块管理。NameNode 决定是否将文件映射到 DataNode 的复制块上。对于最常见的三个复制块，第一个复制块存储在同一个机架的不同节点上，最后一个复制块存储在不同机架的某个节点上。

NameNode 是 HDFS 的大脑，它维护着整个文件系统的目录树，以及目录树里所有的文件和目录。这些信息以两种文件形式存储在本地文件中：一种是命名空间镜像，也称为文件系统镜像（File System Image，FSImage），即 HDFS 元数据的完整快照，每次 NameNode 启动时，默认会加载最新的命名空间镜像；另一种是命名空间镜像的编辑日志（Edit Log）。

3）第二名称节点（Secondary NameNode）。第二名称节点是用于定期合并命名空间镜像和命名空间镜像的编辑日志的辅助守护进程。每个 HDFS 集群都有一个 Secondary NameNode，在生产环境下，一般 Secondary NameNode 也会单独运行在一台服务器上。

FSImage 文件其实是文件系统元数据的一个永久性检查点，但并非每一个写操作都会更新这个文件，因为 FSImage 是一个大型文件，如果频繁地执行写操作，会使系统运行极为缓慢。解决方案是 NameNode 只改动内容预写日志，即写入命名空间镜像的编辑日志。随着时间的推移，编辑日志会变得越来越大，那么一旦发生故障，将会花费非常多的时间来回滚操作，所以就像传统的关系型数据库一样，需要定期地合并 FSImage 和编辑日志。如果由 NameNode 来进行合并操作，那么 NameNode 在为集群提供服务时可能无法提供足够的资源。为了彻底解决这一问题，Secondary NameNode 应运而生。NameNode 和 Secondary NameNode 的交互如图 2-7 所示。

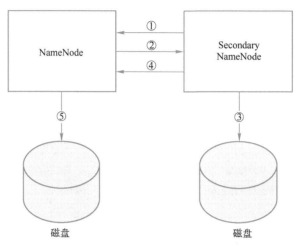

图 2-7　NameNode 与 Secondary NameNode 的交互

① Secondary NameNode 引导 NameNode 滚动更新编辑日志文件，并开始将新的内容写入 Edit Log.new。

② Secondary NameNode 将 NameNode 的 FSImage 和编辑日志文件复制到本地的检查点目录。

③ Secondary NameNode 载入 FSImage 文件，回放编辑日志，将其合并到 FSImage，将新的 FSImage 文件压缩后写入磁盘。

④ Secondary NameNode 将新的 FSImage 文件送回 NameNode，NameNode 在接收新的 FSImage 后直接加载和应用该文件。

⑤ NameNode 将 Edit Log.new 更名为 EditLog。

默认情况下，该过程每小时发生一次，或者当 NameNode 的编辑日志文件达到默认的 64MB 时也会触发该过程。

注意：从名称上来看，初学者会以为当 NameNode 出现故障时，Secondary NameNode 会自动成为新的 NameNode，也就是 NameNode 的"热备"，这是错误的。

4）DataNode 是 HDFS 的主从架构中从角色的扮演者，它在 NameNode 的指导下完成 I/O 任务。如前文所述，存放在 HDFS 中的文件都是由 HDFS 的块组成的，所有的块都存放于 DataNode。实际上，对于 DataNode 所在的节点来说，块就是一个普通的文件，可以去 DataNode 存放块的目录下[默认路径是$(dfs.data.dir)/current]查看，块的文件名为 blk.blkID。

DataNode 会不断地向 NameNode 报告。初始化时，每个 DataNode 将当前存储的块告知 NameNode，在集群正常工作时，DataNode 仍会不断地更新 NameNode，为其提供本地修改的相关信息，同时接收来自 NameNode 的指令，创建、移动或删除本地磁盘上的数据块。

5）块。每个磁盘都有默认的数据块大小，这是磁盘进行数据读/写的最小单位，而文件系统也有文件块的概念，如 ext3、ext2 等。文件系统的块大小只能是磁盘块大小的整数倍，磁盘块的大小一般是 512 字节，文件系统的块大小一般为几千字节，如 ext3 的文件块大小为 4096 字节，Windows 的文件块大小为 4096 字节。用户在使用文件系统对文件进行读取或写入时，完全不知道块的细节，这些对于用户是透明的。

HDFS 同样也有块的概念，但是 HDFS 的块比一般文件系统的块大得多，默认为 64MB，并可以随着实际需要而变化，配置项为 hdfs-site.xml 文件中的 dfs.block.size 项。与单一文件系统相似，HDFS 上的文件也被划分为块大小的多个分块，它是 HDFS 存储处理的最小单元。

例如，某个文件 data.txt 大小为 150MB，如果此时 HDFS 的块大小没有经过配置，则默认为 64MB，该文件在 HDFS 中的存储情况如图 2-8 所示。图 2-8 中，圆形为保存该文件的第一个块，大小为 64MB；方形为保存文件的第二个块，大小为 64MB；五边形为保存文件的第三个块，大小为 22MB。与其他文件系统不同的是，HDFS 小于一个块大小的文件不会占据整个块的空间，所以第三个块的大小为 22MB，而不是 64MB。

HDFS 中的块如此大是为了最小化寻址开销。如果块设置得足够大，从磁盘传输数据的时间可以明显大于定位这个块开始位置所需的时间。这样传输一个由多个块组成的文件的时间取决于磁盘传输的效率。得益于磁盘传输速率的提升，块的大小可以被设置为 128MB 甚至更大。

在 hdfs-site.xml 文件中，还有一个配置项为 dfs.relication。该配置项为每个 HDFS 的块在 Hadoop 集群中保存的份数，值越高，冗余性越好，占用存储也越多，如图 2-9 所示。

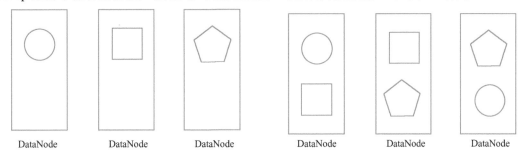

图 2-8　HDFS 中的块（默认大小）　　　　图 2-9　HDFS 中的块（2 份冗余）

使用块的优点如下。

- 可以保存比存储节点单一磁盘大的文件。块的设计实际上就是对文件进行分片，分片可以保存在集群的任意节点，从而使文件存储跨越了磁盘甚至机器的限制，如 data.txt 文件被切为 3 个块，并存放于 3 个 DataNode 之中。
- 简化存储子系统。将存储子系统控制单元设置为块，可简化存储管理，并且实现了元数据和数据的分开管理和存储。
- 容错性高。这是块非常重要的一个优点。如果将 dfs.relication 设置为 2，那么任意一个块损坏，都不会影响数据的完整性，用户在读取文件时，不会察觉到异常。之后集群会将损坏的块的副本从其他候选节点复制到集群中能正常工作的节点，从而使副本数回到配置的水平。

2.3.2　HDFS 的操作

1. HDFS 常用命令

Hadoop 自带一组命令行工具，其中有关 HDFS 的命令是其工具集的一个子集。命令行工具虽然是最基础的文件操作方式，却是最常用的。作为一名合格的 Hadoop 开发人员和运维人员，熟练掌握命令行工具是非常有必要的。

执行"hadoop dfs"命令可以显示 HDFS 常用命令的使用信息，如下所示。

```
[hadoop@master bin]$ hadoop dfs
Usage:java FsShell
```

```
[-ls <path>]
[-lsr <path>]
[-df [<path>]]
[-du <path>]
[-dus <path>]
[-count[-q] <path>]
[-mv <src> <dst>]
[-rm [-skipTrash] <path>]
[-rmr[-skipTrash]<path>]
[-expunge]
[-put <localsrc>…<dst>]
[-copyFromLocal <localsrc>…<dst>]
[-moveFromLocal <localsrc>…<dst>]
[-get [ignoreCrc] [-crc] <src> <localdst>]
[-getmerge <src> <localdst> [addnl]]
[-cat <src>]
[-text <src>]
[-copyToLocal [ignoreCrc] [-crc] <src> <localdst>]
[-moveToLocal [-crc] <src> <localdst>]
[-mkdir <path>]
[setrep [-R] [-w] <rep> <path/file>]
[-touchz <path>]
[-test -[ezd] <path>]
[-stat [format] <path>]
[-tail [-f] <file>]
[-chmod [-R] <MODE[MODE]…LOCTALMODE>PATH]
[-chown [-R] [OWNER] [GROUP]] PATH…]
[-chgrp] [-R] GROUP PATH…]
[-help [cmd]]
```

下面详细介绍上述命令行接口，并用例子说明各自的功能，如表 2-1 所示。

表 2-1　HDFS 常用命令及其功能

命　　令	功　　能	例　　子
hadoop fs -ls <path>	列出文件或目录的内容	hadoop fs -ls /，列出当前目录有哪些子目录和文件
hadoop fs -lsr <path>	递归地列出目录内容	hadoop fs -lsr /
hadoop fs -df [<path>]	查看目录的使用情况	hadoop fs -df /user
hadoop fs -du <path>	查看目录中所有文件及文件的大小	hadoop fs -du /user
hadoop fs -dus <path>	只显示<path>目录的总大小，与-du 不同的是，-du 会把<path>目录下所有的文件或目录大小都列举出来，而-dus 只会将<path>目录的大小列出来	hadoop fs -dus /user
hadoop fs -count[-q] <path>	显示<path>下的目录数及文件数，输出格式为"目录数 文件数 大小 文件名"。如果加-q，还可以查看文件索引的情况	hadoop fs -count /user
hadoop fs -mv <src> <dst>	将 HDFS 上的文件移动到目的文件夹	hadoop fs -mv /user/hadoop/a.txt/user/test，将 user/hadoop 文件夹下的文件 a.txt 移动到/user/test 文件夹下
hadoop fs -rm [-skipTrash] <path>	将 HDFS 上路径为<path>的文件移动到回收站。如果加上-skipTrash，将直接删除	hadoop fs -rm /user/text.txt
hadoop fs -rmr [-skipTrash] <path>	将 HDFS 上路径为<path>的目录及目录下的文件移动到回收站。如果加-skipTrash，将直接删除	hadoop fs -rmr /user
hadoop fs -expunge	清空回收站	hadoop fs -expunge

（续）

命　　令	功　　能	例　　子
hadoop fs -put `<localsrc>`…`<dst>`	将`<localsrc>`本地文件上传到 HDFS 的`<dst>`目录下	hadoop fs -put /test/hadoop/test.txt/user/hadoop
hadoop fs -copyFromLocal `<localsrc>`…`<dst>`	功能类似于 put	hadoop fs -copyFromLocal/test/hadoop/test.txt /user/hadoop
hadoop fs -moveFromLocal `<localsrc>`…`<dst>`	将`<localsrc>`本地文件移动到 HDFS 的`<dst>`目录下	hadoop fs -moveFromLocal /test/hadoop/test.txt /user/hadoop
hadoop fs -get [ignoreCrc] [-crc] `<src>` `<localdst>`	将 HDFS 上`<src>`的文件下载到本地的`<localdst>`目录，可用 ignoreCrc 选择复制 CRC 校验失败的文件，使用-crc 选项复制文件及 CRC 信息	hadoop fs -get user/hadoop test.txt /test/hadoop
hadoop fs -getmerge `<src>` `<localdst>` [addnl]	将 HDFS 上`<src>`目录下的所有文件合并成一个文件输出到本地的`<localdst>`目录，addnl 是可选的，用于指定在每个文件结尾添加一个换行符	hadoop fs -getmerge /user/test /home/hadoop/o
hadoop fs -cat `<src>`	浏览 HDFS 路径为`<src>`的文本文件内容	hadoop fs -cat /user/hadoop/a.txt
hadoop fs -text `<src>`	将 HDFS 路径为`<src>`的文本文件输出	hadoop fs -text /user/hadoop/a.txt
hadoop fs -copyToLocal [ignoreCrc] [-crc] `<src>` `<localdst>`	功能类似于 get	hadoop fs -copyToLocal user/hadoop test.txt /home/hadoop
hadoop fs -moveToLocal [-crc] `<src>` `<localdst>`	将 HDFS 上路径为 `<src>` 的文件移动到本地`<localdst>`路径下	hadoop fs -moveToLocal user/hadoop test.txt /home/hadoop
hadoop fs -mkdir `<path>`	在 HDFS 上创建路径为`<path>`的目录	hadoop fs -mkdir /test，在 Hadoop 文件系统当中创建一个 test 目录
hadoop fs setrep [-R] [-w] `<rep>` `<path/file>`	设置文件的复制因子，该命令可以单独设置文件的复制因子，加上-R 可以递归执行该操作	hadoop fs setrep 5 -R /user/test
hadoop fs -touchz `<path>`	创建一个路径为`<path>`的 0 字节的 HDFS 空文件	hadoop fs -touchz /user/hadoop/test1
hadoop fs -test -[ezd] `<path>`	检查 HDFS 上路径为`<path>`的文件。-e 检查文件是否存在；-z 检查文件是否是 0 字节，如果是则返回 0；-d 检查是否为目录，如果是返回 1，否则返回 0	hadoop fs -test -e /user/a.txt
hadoop fs -stat [format] `<path>`	显示 HDFS 上路径为`<path>`的文件或目录的统计信息，格式为： %b 文件大小 %n 文件名 %r 复制因子 %y 修改日期	hadoop fs -stat %b %n %r %y /user/test
hadoop fs -tail [-f] `<file>`	显示 HDFS 上路径为`<file>`的文件最后 1KB 的字节，-f 选项会使显示的内容随着文件内容更新而更新	hadoop fs -tail -f /user/test.txt
hadoop fs -chmod [-R] `<MODE[MODE]…LOCTALMODE>PATH`	改变 HDFS 上路径为 PATH 的文件的权限，-R 表示递归执行该操作	hadoop fs -chmod -R +r /user/test，表示将/user/test 目录下的所有文件赋予读的权限
hadoop fs -chown [-R] [OWNER] [GROUP] PATH…	改变 HDFS 上路径为 PATH 的文件的所属用户，-R 表示递归执行该操作	hadoop fs -chown -R hadoop Hadoop /user/test，表示将/user/test 目录下所有文件的所属用户和所属组别改为 hadoop
hadoop fs –chgrp [-R] GROUP PATH…	改变 HDFS 上路径为 PATH 的文件的所属组别，-R 表示递归执行该操作	hadoop fs -chgrp -R hadoop /user/test，表示将/user/test 目录下的所有文件的所属组别改为 hadoop
hadoop fs –help[cmd]	显示所有 dfs 命令的帮助信息	hadoop fs -help

2. HDFS 命令操作简单示例

文件系统已经就绪，可以执行所有其他文件系统都有的操作，如读取文件、创建目录、移动文件、删除数据、列出索引目录等。执行"hadoop fs -help"命令，即可看到所有命令的详细帮助文件。

首先从本地文件系统将一个文件复制到 HDFS。

```
% hadoop fs -copyFromLocal /test/hadoop/test.txt  hdfs：//localhost/user/tom/test.txt
```

该命令调用 Hadoop 文件系统的 shell 命令 fs，该命令提供了一系列子命令。在本例中执行的是-copyFromLocal，本地文件 test.txt 被复制到运行在 localhost 上的 HDFS 实例中，路径为 user/tom/test.txt。事实上，可以省略主机的 URL 默认设置（即省略"hdfs：//localhost"），因为该项已在"core-sile.xml"中指定。

```
% hadoop fs -copyFromLocal /test/hadoop/test.txt user/tom/test.txt
```

也可以使用相对路径，并将文件复制到 HDFS 的 home 目录中，在本例中为"/user/tom"。

```
% hadoop fs -copyFromLocal /test/hadoop/test.txt  test.txt
```

把文件复制回本地文件系统，并检查是否一致。

```
%hadoop fs -copyToLocal test.txt test.copy.txt
%md5 input/docs/test.txt test.copy.txt
MD5{input/docs/test.txt}=a16f231da6b05e2ba7a339320e7dacd9
MD5{ test.copy.txt }=a16f231da6b05e2ba7a339320e7dacd9
```

由于 MD5 键值相同，因此这个文件在 HDFS 之旅中得以幸存并保存完整。

3. HDFS 中的文件访问权限

针对文件和目录，HDFS 有与 POSIX 非常相似的权限模式。

HDFS 提供三类权限模式：只读权限（r）、写入权限（w）和可执行权限（x）。读取文件或列出目录内容时需要只读权限。写入一个文件或在一个目录上创建及删除文件或目录，需要写入权限。对于文件而言，可执行权限可以忽略，因为不能在 HDFS 中执行文件（与 POSIX 不同），但在访问一个目录的子项时需要该权限。对目录而言，当列出目录内容时需要只读权限，当新建或删除子文件或子目录时需要写入权限，当访问目录的子节点时需要可执行权限。

每个文件和目录都有所属用户（owner）、所属组别（group）及模式（mode）。这个模式是由所属用户的权限、组内成员权限及其他用户的权限组成的。

默认情况下，可以通过正在运行进程的用户名和组名来唯一确定客户端的标识。但由于客户端是远程的，任何用户都可以简单地在远程系统上以自己的名义创建一个账户来进行访问。因此，作为共享文件系统资源和防止数据意外损失的一种机制，权限只能供合作团体中的用户使用，而不能在一个不友好的环境中保护资源。注意，最新版的 Hadoop 已经支持 Kerberos 用户认证，该认证去除了这些限制。但是，除了上述限制以外，为防止用户或自动工具及程序意外修改或删除文件系统的重要部分，启用权限控制还是很重要的。

如果启用权限检查，就会检查所属用户权限，以确认客户端的用户名与所属用户是否匹配，同时检查所属组别权限，以确认该客户端是否是该用户组的成员；若不符，则检查其他权限。

注意，这里有一个超级用户（super-user）的概念，超级用户是 NameNode 进程的标识。宽泛地讲，如果用户启动了 NameNode，那他就是超级用户。另外，管理员可以用配置参数指定一组特定的用户，如果对组进行了超级用户的设置，那么这个组的成员也会是超级用户。对于超级用户，系统不会执行任何权限检查。

2.4 MapReduce 概述

MapReduce
概述

2.4.1 MapReduce 的概念

在云计算和大数据技术领域被广泛提到并被成功应用的一项技术是 MapReduce。MapReduce 是谷歌系统和 Hadoop 系统中的一项核心技术。它是一个软件框架，可以将单个计算作业分配给多台计算机执行。它假定这些作业在单机上需要很长的运行时间，因此使用多台机器可以缩短运行时间。

1. MapReduce 简介

MapReduce 是一种分布式计算模型，在处理海量数据上具有很明显的优势，因此常被用于大规模数据集的并行计算。MapReduce 还是开源的，任何人都可以借助这个框架来进行并行编程，这个框架使得之前复杂的分布式编程变得相当容易实现。

MapReduce 分布式编程模型是谷歌引以为豪的三大云计算相关核心技术（GFS、Big Table 和 MapReduce）之一，被设计用于并行运算处理大于 1TB 的海量数据集。MapReduce 的最初灵感来源于函数式编程语言中经常用到的映射（Map）和规约（Reduce）函数。它将复杂的并行算法处理过程抽象为一组概念简单的接口，用来实现大规模海量信息处理的并行化和分布化，从而使得没有多少并行编程经验的开发人员也能轻松地进行并行编程。

MapReduce 分布式编程模型可以用于能灵活调整的普通计算机所构成的中小规模集群之上，典型的 MapReduce 系统能运行于由数以千计普通计算机所组成的集群中，这已经在谷歌中得到了实现与应用。MapReduce 分布式编程模型的主要贡献在于：通过实现一组概念简单却又强大的接口以实现大规模计算的并行化和分布化，并且通过实现这些接口，MapReduce 能够组建由普通计算机作为成员的高性能集群。在采用 MapReduce 分布式模式的系统上，每一个单独的节点上均可以同时运行一个 Map 任务和一个 Reduce 任务，所以 MapReduce 的处理效率非常高。

2. MapReduce 的发展历史

MapReduce 出现的历史要追溯到 1956 年，图灵奖获得者、著名的人工智能专家 McCarthy 首次提出了 LISP 语言的构想，而在 LISP 语言中就包含了现在所使用的 MapReduce 功能。LISP 语言是一种用于人工智能领域的语言，在人工智能领域有很多的应用。LISP 在 1956 年设计时主要是希望有效地进行"符号运算"。它是一种表处理语言，其逻辑简单但结构不同于其他高级语言。1960 年，McCarthy 更是极有预见性地提出"今后计算机将会作为公共设施提供给公众"的观点。这一观点与现在人们对云计算的定义极为相近，所以 McCarthy 被称为"云计算之父"。MapReduce 在 McCarthy 提出时并没有考虑到其在分布式系统和大数据上会有如此大的应用前景，只是作为一种函数操作来定义的。

2004 年，谷歌公司的 Dean 发表文章将 MapReduce 这一编程模型在分布式系统中的应用进行了介绍，从此 MapReduce 分布式编程模型进入了人们的视野。可以认为分布式 MapReduce 是由谷歌公司首先提出的，Hadoop 跟进了谷歌的这一思想。Hadoop 是一个开源版本的谷歌系统，正是由于 Hadoop 的跟进，普通用户才得以开发自己的基于 MapReduce 框架的云计算应用系统。

3．MapReduce 的优缺点

MapReduce 的优点主要有两个方面：MapReduce 分布式处理框架不仅能处理大规模数据，而且能将很多烦琐的细节隐藏起来，如自动并行化、负载均衡和灾备管理等，这样将极大地简化程序员的开发工作；MapReduce 的伸缩性非常好，也就是说，每增加一台服务器，MapReduce 能将差不多的计算能力接入集群中，而过去的大多数分布式处理框架在伸缩性方面都与 MapReduce 相差甚远。

但是 MapReduce 毕竟是一个离线计算框架，其不足之处主要有以下几个。

1）启动时间长。一个 Map 和 Reduce 作业前有启动任务环节，后有清理任务环节，这就使得最简单的作业也会消耗几秒钟的时间。

2）调度开销大。一个作业包含很多任务时，Hadoop 将任务调度到各个节点上会消耗比较长的时间，当资源不足时作业还得排队。

3）短作业处理效率低。由于作业要容错，计算的中间结果要写回文件系统，这导致了不必要的输入/输出操作，严重降低短作业的处理速度。

4）数据必须先存储才能运算。MapReduce 在搜索的应用中，先将爬虫得到的网页数据放在一个分布式存储系统中，然后间断性地对这些数据进行批量处理，即先存储数据，后对数据进行运算。

2.4.2　MapReduce 设计方式

MapReduce 是一个简单、方便的分布式编程模型，主要面向存储在 HDFS 中的数据。采用"分而治之"的思想，MapReduce 将一个大规模数据分解为多个小规模数据，并将其分发给集群中的多个节点共同完成，这样可以有效降低每一部分的运算复杂度，达到提高运算效率的目的。

1．MapReduce 的集群结构

一个 MapReduce 任务需要由以下四个部分协作完成。

1）客户端。客户端与集群进行交互的接口，可以进行任务提交、结果获取等工作。

2）JobTracker。JobTracker 是集群的总负责节点，主要起到集群的调度作用，一个集群中只能有一个 JobTracker。

3）TaskTracker。TaskTracker 是作业的真正执行者，可以执行两类任务：Map 任务或 Reduce 任务。执行 Map 任务的被称为 Mapper，执行 Reduce 任务的被称为 Reducer。一个集群中可以有多个 TaskTracker。

4）分布式文件系统。分布式文件系统用来存储输入/输出的数据，通常使用 HDFS。

2．MapReduce 的执行过程

MapReduce 的编程框架是由一个单独运行在主节点上的 JobTracker 和运行在每个集群从节点上的 TaskTracker 共同组成的。用户用 map 和 reduce 两个函数来表达计算。map 函数的输入是一个<key,value>键值对，输出一个<key,value>键值对的集合的中间结果。MapReduce 集合所有相同 key 值的 value，提供给 reduce 函数。reduce 函数收到 key 值和对应的 value 的集合，通过计算得到较小的 value 值的集合。

MapReduce 任务分为两个阶段：Map 阶段和 Reduce 阶段。JobTracker 将一个大规模的任务根据数据量分解，Map 阶段执行分解后的小任务并得到中间结果，Reduce 阶段负责把这些中间结果汇总。具体执行过程如下。

1）数据预处理。在任务开始前，首先调用类库，将输入文件分为多个分片。

2）任务分配。JobTracker 为集群中空闲的节点分配 Map 任务或 Reduce 任务。设集群中有 M 个 Map 任务和 R 个 Reduce 任务（Reduce 任务数通常小于 Map 任务数）。

3）Map 任务。Mapper 读取自己所属的文件分片，将每一条输入数据转换为<key, value>键值对，使用 map 函数对每一个键值对进行处理，得到一个新的<key,value>键值对，并作为中间结果缓存在当前节点上。

4）缓存文件定位。Map 任务得到的中间结果被周期性地写入 Mapper 所在的本地硬盘中，并把文件的存储位置信息经由 JobTracker 传递给 Reducer。

5）Reducer 拉取文件。Reducer 通过位置信息到相应的 Mapper 处拉取这些文件，将同一 key 对应的所有取值合并，得到<key, list(value)>键值组。

6）Reduce 任务。Reducer 将所读取到的<key,list(value)>键值组使用 reduce 函数进行计算，得到最终结果并将其输出。

7）结束。当所有的 Map 任务和 Reduce 任务运行完毕后，系统会自动结束各个节点上的对应进程并将任务的执行情况反馈给用户。

每个 Map 操作都针对不同的初始数据，不同的 Map 操作之间彼此独立，互不影响，因而 Map 可以并行操作。Reduce 操作是对 Map 操作之后产生的一部分结果进行规约操作。每个 Reduce 操作和 Map 操作一样也是互相独立的，所以 Reduce 也能够并行执行。由此得知，MapReduce 编程框架的共同特征是 MapReduce 的数据均是被分割成设定大小的数据块，这些数据块均能够被并行处理。

MapReduce 运行流程如图 2-10 所示。

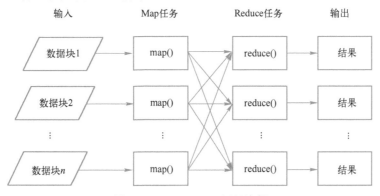

图 2-10　MapReduce 运行流程

MapReduce 是一个简便的分布式编程框架，此框架下并行程序中需要 map、reduce 和 main 三个主要函数。编程人员只需实现其中的 map 函数和 reduce 函数，分布式存储、工作调度、负载平衡等其他问题均由 MapReduce 分布式框架负责完成。

2.4.3 MapReduce 架构

在 Hadoop 的体系结构中，MapReduce 是一个简单、易用的软件框架，基于 MapReduce 可以将任务分发到由上千台商用机器组成的集群上，并以一种可靠容错的方式并行处理大量的数据集，实现 Hadoop 的并行任务处理功能。

1. MapReduce 架构

MapReduce 主要采用 Master/Slave（M/S）架构，其主要包括 Client、JobTracker、TaskTracker 和 TaskScheduler 四个组件。MapReduce 架构如图 2-11 所示，下面分别对这四个组件进行介绍。

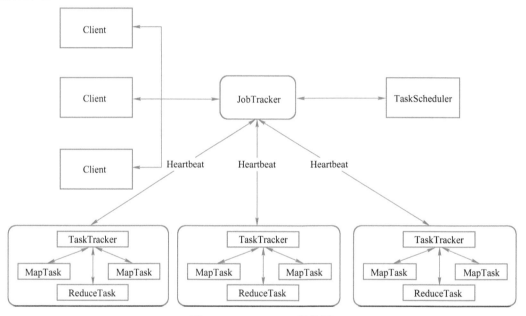

图 2-11　MapReduce 架构图

（1）Client

用户通过 Client 将编写的 MapReduce 程序提交到 JobTracker 端，作业运行状态也是通过 Client 提供的部分接口来查询的。在 Hadoop 内部，MapReduce 程序是用作业（Job）表示的，一个 MapReduce 程序可对应若干个作业，而每个作业会被分解成若干个 Map/Reduce 任务（Task）。

（2）JobTracker

JobTracker 主要实现资源监控和作业调度功能。JobTracker 用来监控所有 TaskTracker 和作业的健康状况，在发现失败的情况下，JobTracker 会跟踪其任务执行进度、资源使用量等信息，并将此信息生成报表发送给任务调度器，任务调度器在接收到命令之后及时选择合适的任务并将这些资源进行分配。在 Hadoop 中，任务调度器以模块形式存在，具有可插拔的特征，用户可以根据自己的需要设计相应的任务调度器。

（3）TaskTracker

TaskTracker 使用 Heartbeat 将本节点上资源的使用情况和任务的进行情况汇报给 JobTracker，同时接收 JobTracker 发送过来的命令并响应其启动新任务、杀死任务等操作。slot 表示 CPU、内存上的计算资源，slot 可以帮助 TaskTracker 将每个节点上的资源进行等量划分，每个 Task 只有在获得 slot 后才可以运行。slot 包括 Map slot 和 Reduce slot 两种，Map slot 供 MapTask 使用，Reduce slot 供 ReduceTask 使用。

（4）TaskScheduler

Task 可以分成 MapTask 和 ReduceTask 两种，且都由 TaskTracker 启动。HDFS 是以块为固定大小来存储数据的，它是存储数据的基本单位。Split 主要包括数据起始位置、数据长度和数据所在节点等基本的元数据信息，它是 MapReduce 的处理单元，每个 Slip 会由一个 MapTask 处理，Split 的数量决定了 MapTask 的数目。MapTask 将接收到的对应 Split 通过迭代解析得到多个键值对，并使用用户自定义的 map( )函数来处理进程。经 map( )函数处理过的数据被分成多个 partition，每个 partition 被对应的 ReduceTask 处理，并将数据保存在本地磁盘中。ReduceTask 执行过程包括以下三个阶段。

1）从数据节点中读取 MapTask 的中间结果，此阶段称为"Shuffle 阶段"。

2）根据键值对排序，此阶段称为"Sort 阶段"。

3）依次读取 key、value list 的值，并调用用户自定义的函数 reduce( )处理结果，并将此结果保存到 HDFS 中，此阶段称为"Reduce 阶段"。

2．MapReduce 作业的生命周期

一个 MapReduce 作业的生命周期大体分为以下五个阶段。

（1）作业提交与初始化

用户在提交完作业之后，JobClient 将程序 jar 程序包、作业配置文件、分片元信息文件等作业相关信息上传至分布式文件系统上，分片元信息文件的作用是记录每个输入分片的逻辑位置信息。当 JobTracker 接收到 JobClient 的请求后，会立即进行初始化，之后在运行过程中需要监控作业运行情况，这就需要建立 Job In Progress 对象，而且可以同时监控多个任务的运行状况。

（2）任务调度与监控

JobTracker 是用来对任务进行调度和监控的。TaskTracker 通过 Heartbeat 周期性地向 JobTracker 发送本节点资源的使用情况，在有空闲资源的情况下，任务调度命令 JobTracker 按照一定的计划来选择合适的空闲资源。任务调度器是具有双层架构、比较独立的结构，可以完成对任务的选择，选择任务需要充分考虑数据的本地性。此外，JobTracker 的作用保证任务运行可以成功，并可以跟踪作业的整个运行过程。如果 TaskTracker 或者 Task 运行失败，则重新进行任务运行时间的计算；如果运行进度落后，也会重新进行计算；如果其他运行结束，就重新启动一个相同的 Task；最后选取计算最快的 Task 结果作为最终结果。

（3）任务运行环境准备

通过启动 JVM 将资源进行隔离，这就基本准备好了运行环境，都是通过 TaskTracker 来实现的。TaskTracker 为每个 Task 启动一个独立的 JVM，它为了防止 Task 滥用资源，采用了操作系统进程来实现隔离。

（4）任务执行

TaskTracker 准备好任务的执行环境之后，就可以执行任务了。在执行过程中，每个任务都汇报给 TaskTracker 之后再给 JobTracker。

（5）作业完成

如果其中的所有任务都执行完成，整个作业就完成了。

2.5 实训 Hadoop 搭建（基于 Windows7）

1. 实训目的

实训 Hadoop
搭建（基于
Windows7）

通过本章实训了解 Hadoop 的特点，能在 Windows 下进行简单的 Hadoop 的搭建操作。

2. 实训内容

1）下载并安装 JDK。JDK 是 Sun Microsystems 针对 Java 开发的产品，是整个 Java 的核心，包括了 Java 运行环境、Java 工具和 Java 基础的类库。登录官网https://www.oracle.com/index.html 下载安装 JDK，在环境变量中增加系统变量 JAVA_HOME，变量值设置为 D:\Program\Java\jdk1.8.0_181（需准确填写 JDK 安装的目录），如图 2-12 所示。

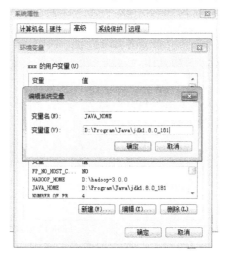

图 2-12 配置 JDK

设置 CLASSPATH 为.;%JAVA_HOME%\lib\dt.jar;%JAVA_HOME%\lib\tools.jar;。

编辑系统变量 path，在 path 变量值的最后加上语句：

```
;%JAVA_HOME%\bin;%JAVA_HOME%\jre\bin;
```

JDK 配置完成后，可打开 Windows 中的命令行窗口，输入命令 java - version，以查看是否正确安装了 JDK，如图 2-13 所示。

```
C:\Users\xxx>java -version
java version "1.8.0_181"
Java(TM) SE Runtime Environment (build 1.8.0_181-b13)
Java HotSpot(TM) 64-Bit Server VM (build 25.181-b13, mixed mode)

C:\Users\xxx>_
```

图 2-13 查看是否正确安装了 JDK

2）下载 Hadoop 软件，网址为 https://archive.apache.org/dist/hadoop/common/，如图 2-14 所示：

图 2-14　下载 Hadoop 软件

在这里下载的是 Hadoop3.0.0 版本。下载后解压到 D:\hadoop-3.0.0。

3）为 Hadoop 设置环境变量 HADOOP_HOME，如图 2-15 所示。

图 2-15　为 Hadoop 设置环境变量

此外，还需要在系统变量 path 中加入语句%HADOOP_HOME%\bin;。

4）下载 winutils。此文件是别人编译好的 Hadoop 的 Windows 版本二进制文件，不需要自己进行编译，网址为 https://github.com/steveloughran/winutils，如图 2-16 所示。

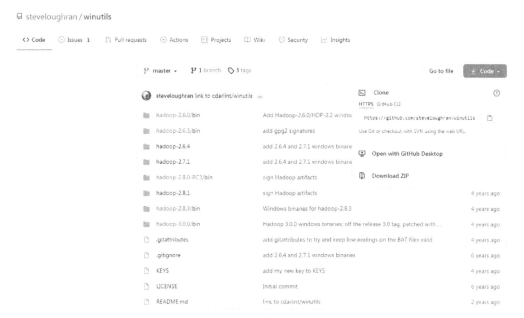

图 2-16 下载 winutils

在此界面中单击右侧的 Download ZIP 即下载可。解压后将 winutils-master\winutils-master\hadoop-3.0.0\bin 中的文件复制到 Hadoop 中的 bin 文件里覆盖即可,在这里是 D:\hadoop-3.0.0\bin。

5)打开 D:\hadoop-3.0.0\etc\hadoop 目录,如图 2-17 所示。

名称	修改日期	类型	大小
shellprofile.d	2021/8/5 14:54	文件夹	
capacity-scheduler	2017/12/9 3:30	XML 文档	8 KB
configuration	2017/12/9 3:32	XSL 文件	2 KB
container-executor.cfg	2017/12/9 3:30	CFG 文件	2 KB
core-site	2021/8/5 16:42	XML 文档	2 KB
hadoop-env	2021/8/5 16:48	Windows 命令脚本	4 KB
hadoop-env.sh	2017/12/9 3:42	SH 文件	16 KB
hadoop-metrics2.properties	2017/12/9 3:17	PROPERTIES 文件	4 KB
hadoop-policy	2017/12/9 3:17	XML 文档	10 KB
hadoop-user-functions.sh.example	2017/12/9 3:17	EXAMPLE 文件	4 KB
hdfs-site	2021/8/5 16:42	XML 文档	2 KB
httpfs-env.sh	2017/12/9 3:19	SH 文件	2 KB
httpfs-log4j.properties	2017/12/9 3:19	PROPERTIES 文件	2 KB
httpfs-signature.secret	2017/12/9 3:19	SECRET 文件	1 KB
httpfs-site	2017/12/9 3:19	XML 文档	1 KB
kms-acls	2017/12/9 3:17	XML 文档	4 KB
kms-env.sh	2017/12/9 3:17	SH 文件	2 KB
kms-log4j.properties	2017/12/9 3:17	PROPERTIES 文件	2 KB
kms-site	2017/12/9 3:17	XML 文档	1 KB
log4j.properties	2017/12/9 3:17	PROPERTIES 文件	13 KB
mapred-env	2017/12/9 3:32	Windows 命令脚本	1 KB
mapred-env.sh	2017/12/9 3:32	SH 文件	2 KB
mapred-queues.xml.template	2017/12/9 3:32	TEMPLATE 文件	5 KB
mapred-site	2021/8/5 16:45	XML 文档	1 KB
ssl-client.xml.example	2017/12/9 3:17	EXAMPLE 文件	3 KB
ssl-server.xml.example	2017/12/9 3:17	EXAMPLE 文件	3 KB
user_ec_policies.xml.template	2017/12/9 3:19	TEMPLATE 文件	3 KB
workers	2017/12/9 3:17	文件	1 KB
yarn-env	2017/12/9 3:30	Windows 命令脚本	3 KB
yarn-env.sh	2017/12/9 3:30	SH 文件	6 KB
yarn-site	2021/8/5 16:47	XML 文档	1 KB

图 2-17 hadoop 目录

6）打开 core-site.xml 文件（配置默认 hdfs 的访问端口），写入内容如下。

```
<configuration>
 <property>
        <name>hadoop.tmp.dir</name>
        <value>file:/usr/local/hadoop/tmp</value>
        <description>Abase for other temporary directories.</description>
    </property>
    <property>
        <name>fs.defaultFS</name>
        <value>hdfs://localhost:9001</value>
    </property>
</configuration>
```

7）打开 hdfs-site.xm 文件（设置复制数为 1，即不进行复制，namenode 文件路径及 datanode 数据路径）写入内容如下。

```
<configuration>
 <property>
        <name>dfs.replication</name>
        <value>1</value>
    </property>
    <property>
        <name>dfs.namenode.name.dir</name>
        <value>file:/usr/local/hadoop/tmp/dfs/name</value>
    </property>
    <property>
        <name>dfs.datanode.data.dir</name>
        <value>file:/usr/local/hadoop/tmp/dfs/data</value>
    </property>
</configuration>
```

8）打开 mapred-site.xml 文件（设置 mr 使用的框架，这里使用 yarn），写入内容如下。

```
<configuration>
<name>mapreduce.framework.name</name>
<value>yarn</value>
</configuration>
```

9）打开 yarn-site.xml 文件（这里 yarn 设置使用了 mr 混洗），写入内容如下：

```
<configuration>
<!-- Site specific YARN configuration properties -->
 <property>
        <name>yarn.nodemanager.aux-services</name>
        <value>mapreduce_shuffle</value>
    </property>
    <property>
        <name>yarn.nodemanager.aux-services.mapreduce.shuffle.class</name>
        <value>org.apache.hadoop.mapred.ShuffleHandler</value>
    </property>
</configuration>
```

10）打开 hadoop-env.sh 文件，编辑内容如下：

```
export JAVA_HOME=" D:\Program\Java\jdk1.8.0_181 "
```

该文件用于配置 Hadoop 的环境变量，Hadoop 执行启动脚本时会加载 hadoop-env.sh。一般有 Java home、hadoopconfdir 等这些软件的配置目录，还有运行过程中使用的变量，如 Hadoop 栈大小配置、Java 运行内存大小配置等。如果前面有#，只需要删除即可。编辑内容结果如下所示。

```
# The java implementation to use. By default, this environment
# variable is REQUIRED on ALL platforms except OS X!
export JAVA_HOME="D:\Program\Java\jdk1.8.0_181"
```

11）打开 hadoop-env.cmd 文件，设置 JAVA_HOME 的值（路径中不能有空格），JAVA_HOME 表示 Java JDK 的安装目录（安装 Hadoop 前必须安装 JVM），内容如下。

```
@rem The java implementation to use. Required.
set JAVA_HOME=D:\Program\Java\jdk1.8.0_181
```

12）在命令行中运行 Hadoop，查看是否安装成功，如图 2-18 所示。

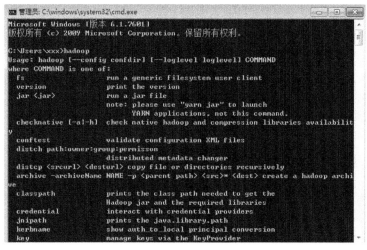

图 2-18　在命令行中运行 Hadoop

13）进入 D:\hadoop-3.0.0\bin 目录，输入命令格式化 hdfs，命令如下。

```
hdfs namenode -format
```

运行如图 2-19 和图 2-20 所示。

图 2-19　格式化 hdfs

14）进入 D:\hadoop-3.0.0\sbin，输入启动命令。

```
start-all.cmd, 开启四个进程
```

运行如图 2-21 和图 2-22 所示。

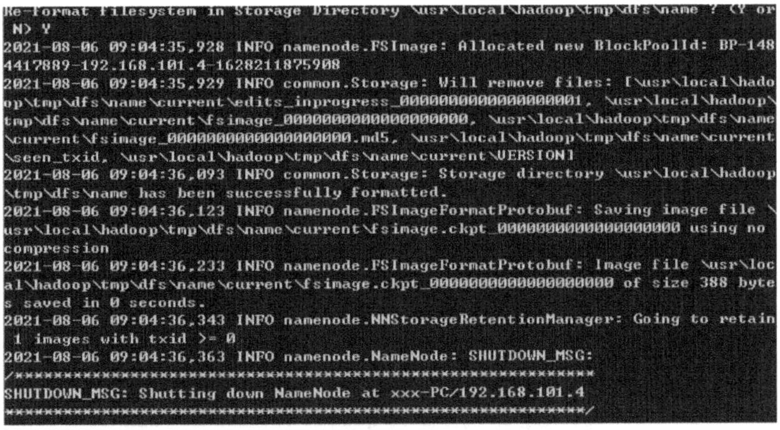

图 2-20　格式化 hdfs 界面

图 2-21　启动 Hadoop

图 2-22　启动 Hadoop 界面

15）测试是否开启成功，输入命令如下。

```
jps
```

jps 的主要功能是查看 Java 接口的进程号。

运行结果如图 2-23 所示。

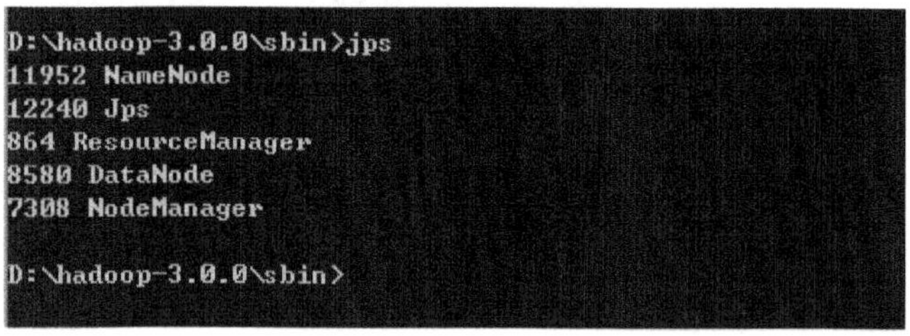

```
D:\hadoop-3.0.0\sbin>jps
11952 NameNode
12240 Jps
864 ResourceManager
8580 DataNode
7308 NodeManager

D:\hadoop-3.0.0\sbin>
```

图 2-23 运行结果

一般如果正常启动 Hadoop（2.0 以后的版本），人们可以在 master 上通过 jps 命令看到图 2-23 中显示的几个进程：NameNode、DataNode、NodeManager 和 ResourceManager。

NameNode 是 Hadoop 中的主服务器，管理文件系统名称空间和对集群中存储的文件的访问。NameNode 中的 Namespace 管理层负责管理整个 HDFS 集群文件系统的目录树以及文件与数据块的映射关系，它维护着文件系统树（filesystem tree）以及文件树中所有文件和文件夹的元数据（metadata）。管理这些信息的文件有两个，分别是 Namespace 镜像文件（Namespace image）和操作日志文件（edit log），这些信息被暂时存储在 RAM 中，当然，这两个文件也会被持久化存储在本地硬盘。NameNode 记录着每个文件中各个块所在的数据节点的位置信息，但是并不持久化存储这些信息，因为这些信息会在系统启动时从数据节点重建。没有 NameNode，HDFS 就不能工作。事实上，如果运行 NameNode 的机器出问题，理论上可能导致集群暂时不可用，但不会导致数据的永久丢失。

DataNode 是文件系统的工作节点，负责管理连接到节点的存储（一个集群中可以有多个节点），每个存储数据的节点运行一个 DataNode 守护进程。DataNode 根据客户端或者是 NameNode 的调度存储和检索数据，并且定期向 NameNode 发送它们所存储的块（block）的列表。集群中的每个服务器都运行一个 DataNode 后台程序，这个后台程序负责把 HDFS 数据块读写到本地的文件系统。当需要通过客户端读/写某个数据时，先由 NameNode 告诉客户端去哪个 DataNode 进行具体的读/写操作，然后，客户端直接与这个 DataNode 服务器上的后台程序进行通信，并且对相关的数据块进行读/写操作。

NodeManager 是 YARN 中每个节点上的代理，它管理 Hadoop 集群中单个计算节点，包括与 ResourceManger 保持通信，监督 Container 的生命周期管理，监控每个 Container 的资源使用（内存、CPU 等）情况，追踪节点健康状况，管理日志和不同应用程序用到的附属服务（auxiliary service）。

在 YARN 中，ResourceManager 负责集群中所有资源的统一管理和分配，它接收来自各个节点（NodeManager）的资源汇报信息，并把这些信息按照一定的策略分配给各个应用程序（实际上是 ApplicationManager）RM 与每个节点的 NodeManagers（NMs），和每个应用的 ApplicationMasters（AMs）一起工作。

16）在浏览器中输入地址 http://localhost:9870/，查看 Hadoop 状态，如图 2-24 所示。

图 2-24　查看 Hadoop 状态

17）在 D:\hadoop-3.0.0\sbin 下输入命令"yarn queue － status default"查看 YARN 资源调度器的状态。

运行结果如图 2-25 所示。

```
D:\hadoop-3.0.0\sbin>yarn queue -status default
2021-08-05 17:49:57,132 INFO client.RMProxy: Connecting to ResourceManager at /0
.0.0.0:8032
Queue Information :
Queue Name : default
        State : RUNNING
        Capacity : 100.0%
        Current Capacity : .0%
        Maximum Capacity : 100.0%
        Default Node Label expression : <DEFAULT_PARTITION>
        Accessible Node Labels : *
        Preemption : disabled
```

图 2-25　查看 YARN 资源调度器状态

18）在 D:\hadoop-3.0.0\sbin 中分别创建两个目录 user 和 tmp，命令如下。

```
D:\hadoop-3.0.0\sbin>Hadoop fs -mkdir /tmp
D:\hadoop-3.0.0\sbin>Hadoop fs -mkdir /user
```

查看刚才创建好的目录，命令如下。

```
hadoop fs -ls -r /
```

运行结果如图 2-26 所示。

```
D:\hadoop-3.0.0\sbin>hadoop fs -ls -r /
Found 2 items
drwxr-xr-x   - xxx supergroup          0 2021-08-05 19:52 /user
drwxr-xr-x   - xxx supergroup          0 2021-08-05 20:11 /tmp
```

图 2-26　创建目录

19）在已经创建好的目录 user 中创建子目录 input 和 file1，命令如下。

```
hadoop fs -mkdir /user/input
hadoop fs -mkdir /user/file1
```

查看刚才创建好的 user 下的子目录，命令如下。

```
hadoop fs -ls -r /user
```

运行结果如图 2-27 所示。

图 2-27　创建子目录

20）在浏览器中打开地址 http://localhost:9870/，在 Utilities 选项中选择 Browse the file system，输入 user 查看已经创建好的目录，如图 2-28 所示。

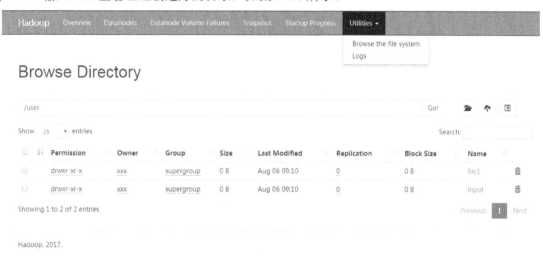

图 2-28　查看已经创建好的目录

21）在 file1 中继续创建子目录 file2，并在 file2 中创建文件 1.txt，如图 2-29 所示。操作完成后在浏览器地址中查看运行结果，如图 2-30 所示。

图 2-29　创建文件

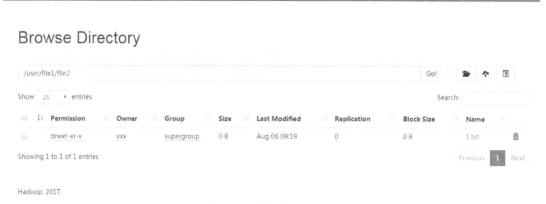

图 2-30　查看运行结果

本章小结

1）Hadoop 是一个能够对大量数据进行分布式处理的软件框架，实现了谷歌的 MapReduce 编程模型和框架，能够把应用程序分割成许多小的工作单元，并把这些单元放到任何集群节点上执行。在 MapReduce 中，一个准备提交执行的应用程序称为"作业"（Job），一个作业划分得出运行于各个计算节点的工作单元称为"任务"（Task）。

2）HDFS 是基于流数据模式访问和处理超大文件的需求而开发的一个分布式文件系统。一个完整的 HDFS 运行在一些节点之上，这些节点运行着不同类型的守护进程，如 NameNode、DataNode、Secondary NameNode 等，不同类型的节点相互配合，相互协作，在集群中扮演了不同的角色，一起构成了 HDFS。

HDFS 还设计了第二名称节点（Secondary NameNode）来更新元数据节点（NameNode），以避免日志文件过大。

3）MapReduce 中有两类节点，JobTracker 和 TaskTracker。JobTracker 是一个 Master 管理节点。客户端提交一个任务，JobTracker 把它放到一个后续队列里面，在适当的时候选择一个作业，将这个作业拆分成多个 Map 任务和 Reduce 任务，将任务分发给 TaskTracker。部署时，TaskTracker 和 HDFS 中的 DataNode 往往是同一种物理节点。这样可以保证计算是跟着数据走的，保证读取数据开销最小，即移动计算。

习题 2

一、选择题

1．Hadoop 采用（　　）来整合分布式文件系统上的数据，以保证分析和处理数据的高效。

  A．MapReduce B．HDFS   C．NameNode D．DataNode

2．（　　）程序负责 HDFS 数据存储。

  A．NameNode B．JobTracter C．DateNode D．SecondDataNode

3．HDFS 默认的块大小是（　　）MB。

  A．32   B．64   C．128   D．256

4．（　　）不包括在 Hadoop 生态系统中。

  A．Hive   B．MapReduce C．HDFS   D．Spark

5．在默认情况下，HDFS 块的大小为（　　）MB。

  A．512   B．128   C．64   D．32

6．在大多数情况下，副本系数为 3，HDFS 的存放策略将第二个副本放在（　　）。

  A．同一机架上的同一节点   B．同一机架上的不同节点

  C．不同机架的节点   D．没有特殊要求，都可以

7．HDFS 命令行接口中查看文件列表中的第五项是（　　）。

  A．所属用户 B．组别   C．文件大小 D．时间

8. HDFS 中，文件的访问权限不包括（　　）。

A. 只读权限　　　　B. 写入权限　　　　C. 执行权限　　　D. 读写权限

二、填空题

1. 在 HDFS 文件系统读取文件的过程中，客户端通过对输入流调用＿＿＿＿＿＿方法开始读取数据；写入文件的过程中，客户端通过对输出流调用＿＿＿＿＿＿方法开始写入数据。

2. HDFS 全部文件的元数据是存储在 NameNode 节点的＿＿＿＿＿＿（硬盘/内存），为了解决这个瓶颈，HDFS 产生了＿＿＿＿＿＿机制。

三、简答题

1. 举例说明 Hadoop 的体系结构。

2. HDFS 中数据副本的存放策略是什么？

3. NameNode 和 DataNode 的功能分别是什么？

4. 根据自己的理解画出 HDFS 文件系统中文件读取的流程，并解释其中的各个步骤。

5. 根据自己的理解画出 HDFS 文件系统中文件写入的流程，并解释其中的各个步骤。

第3章 数据采集与清洗

本章学习目标

- 了解数据采集的概念。
- 了解大数据采集平台的特征及技术框架。
- 了解网络数据采集的基本方法。
- 了解数据清洗的定义。
- 了解数据清洗的基本方法。
- 了解数据仓库及 ETL 的概念。

3.1 数据采集

3.1.1 数据采集介绍

数据采集

1. 数据采集的概念

数据是大数据应用的基础,研究大数据、分析大数据的前提是拥有大数据。数据的来源有很多种,既可以是企业自身采集得到的,也可以是通过网络爬虫等方式获取的。数据采集作为大数据生命周期的第一个环节,是指通过传感器、摄像头、RFID 射频数据及互联网等方式获取各种结构化、半结构化与非结构化的数据。

2. 数据采集的方法

（1）系统日志采集

许多公司的平台每天会产生大量的日志（一般为流式数据,如搜索引擎的浏览量、查询等）,处理这些日志需要特定的日志系统。因此日志采集系统的主要工作就是收集业务日志数据供离线和在线的分析系统使用。这种大数据采集方式可以高效地收集、聚合和移动大量的日志数据,并且能提供可靠的容错性能。高可用性、高可靠性和可扩展性是日志采集系统的基本特征。目前常用的开源日志采集平台有 Apache Flume、Fluentd、Logstash、Chukwa、Scribe 及 Kafka 等。这些采集平台大部分采用的是分布式架构,以满足大规模日志采集的需要。具体的日志采集平台会在第 3.1.2 节介绍。

（2）网络数据采集

网络数据采集是指利用互联网搜索引擎技术实现有针对性、行业性、精准性的数据抓取,并按照一定规则和筛选标准进行数据归类,形成数据库文件的过程。目前网络数据采集基本上是综合运用垂直搜索引擎技术的网络蜘蛛（或数据采集机器人）、分词系统、任务与索引系统等技术实现的，并且随着互联网技术的发展和网络海量信息的增长，对信息获取与分拣的需求越来越大。目前常用的网页爬虫系统有 Apache Nutch、Crawler4j、Scrapy 等框架。由于采用多个系统并行抓取数据，这种方式能充分利用机器的计算资源和存储能力，大大提高了系统抓取数据的能力，同时大大提高了开发人员的开发速度，使得开发人员可以很快地完成一个数据系统的开发。

（3）数据库采集

数据库采集是将实时产生的数据以记录的形式直接写入企业的数据库中，然后使用特定的数据处理系统进行进一步分析。目前比较常见的数据库有 MySQL、Oracle、Redis、Bennyunn 及 MongoDB 等。这种方法通常在采集端部署大量数据库，并对如何在这些数据库之间进行负载均衡和分片进行深入的思考和设计。

3.1.2 数据采集平台

1．Apache Flume

Apache Flume（简称 Flume）是 Cloudera 于 2009 年 7 月开源的日志系统。它内置的各种组件非常齐全，用户几乎不必进行任何额外开发即可使用。

Flume 是一个分布式的、可靠的、高可用的海量日志采集、聚合和传输的系统。在设计中，Flume 采用了分层架构，由三层组成，分别为 Agent 层、Collector 层和 Store 层。其中，Agent 层中的每台机器部署一个进程，负责对单机的日志收集工作；Collector 层部署在中心服务器上，负责接收 Agent 层发送的日志，并且将日志根据路由规则写到相应的 Store 层中；Store 层负责提供永久或临时的日志存储服务，或者将日志流导向其他服务器。

Flume 架构如图 3-1 所示。

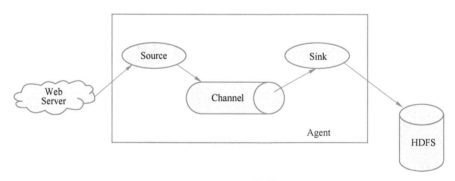

图 3-1　Flume 架构

Flume 在组成结构上的特点如下。

1）采用了 Source-Channel-Sink 的事件流模型。Flume 中传输的内容定义为事件（Event），事件是 Flume 内部数据传输的最基本单元，由 Header（包含元数据、MetaData）和 Payload 组成。Flume 事件的组成如图 3-2 所示。

图 3-2　Flume 事件的组成

2）Flume 内部有一个或多个代理模块（Agent），每一个代理模块都由 Source（源端数据采集）、Channel（临时存储聚合数据）和 Sink（移动数据到目标端）组成。Source 负责接收输入数据，并将数据写入管道。Flume 的 Source 支持 HTTP、JMS、RPC、NetCat、Exec、Spooling Directory。Channel 负责存储、缓存从 Source 到 Sink 的中间数据。可使用不同的配置来做 Channel，如内存、文件、JDBC 等，使用内存性能高但不持久，有可能丢数据；使用文件更可靠，但性能不如内存。Sink 则负责从管道中读出数据并发给下一个 Agent 或最终的目的地。Sink 支持的目的地种类包括 HDFS、HBase、Solr、ElasticSearch、File、Logger 或其他的 Flume Agent。

图 3-3 所示为 Flume 采集数据并保存到 Hadoop 中的过程。

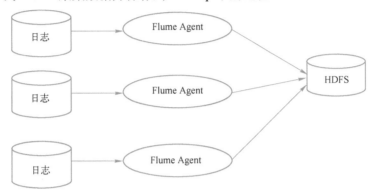

图 3-3 Flume 采集数据并保存到 Hadoop 中的过程

2. Fluentd

Fluentd 是一个开源的日志数据采集平台，专为处理数据流设计，它使用 JSON 作为数据格式。它采用插件式的架构，具有高可扩展性、高可用性，同时还实现了高可靠的信息转发。

在实际应用中，Fluentd 主要负责从服务器收集日志信息，并将数据流交给后续数据存储。因此，Fluentd 可以解决数据流流向混乱的问题。图 3-4 所示为 Fluentd 的数据流流向。图 3-5 所示为 Fluentd 的采集过程。

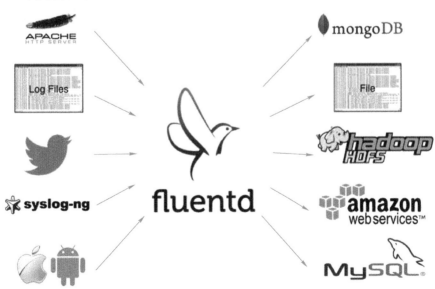

图 3-4 Fluentd 的数据流流向

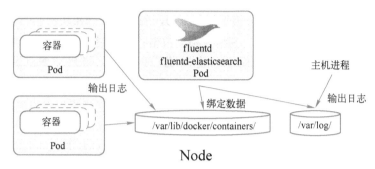

图 3-5　Fluentd 的采集过程

在使用中，Fluentd 从各方面看都很像 Flume。但是它采用 JSON 统一数据/日志格式，因此相对于 Flume，Fluentd 的配置相对简单。

3. Logstash

ElasicSearch 是当前主流的分布式大数据存储和搜索引擎，可以为用户提供强大的全文本检索能力，广泛应用于日志检索、全站搜索等领域。Logstash 作为 ElasicSearch 常用的实时数据采集引擎，可以采集来自不同数据源的数据，并对数据进行处理后输出到多种输出源。

Logstash 的处理过程如图 3-6 所示。Logstash 的数据处理主要包括 Inputs（输入）、Filters（过滤）和 Outputs（输出）三部分。另外，在 Inputs 和 Outputs 中可以使用 Codecs 对数据格式进行处理。这三个部分均以插件形式存在，用户通过定义 pipeline 配置文件，设置需要使用的 Inputs、Filters、Outputs、Codecs 插件，以实现特定的数据采集、数据处理、数据输出等功能。

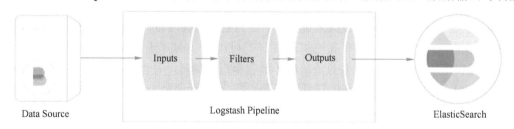

图 3-6　Logstash 的处理过程

从功能上看，Inputs 从数据源获取数据，常见的插件有 file、syslog、redis、beats 等；Filters 处理数据，如格式转换、数据派生等，常见的插件有 grok、mutate、drop、clone、geoip 等；Outputs 输出数据，常见的插件有 elasticsearch、file、graphite、statsd 等；Codecs 不是一个单独的流程，而是在输入和输出等插件中用于数据转换的模块，用于对数据进行编码处理，常见的插件有 json、multiline 等。

4. Chukwa

Chukwa 是一个开源的监控大型分布式系统的数据采集系统，它构建于 HDFS 和 MapReduce 框架之上，并继承了 Hadoop 优秀的扩展性和健壮性。在数据分析方面，Chukwa 拥有一套灵活、强大的工具，可用于监控和分析结果，以便更好地利用所采集的数据结果。

Chukwa 旨在为分布式数据收集和大数据处理提供一个灵活、强大的平台。这个平台不仅用传统的方式来收集和处理大数据，而且能够与时俱进地利用更新的存储技术（如HDFS、HBase 等）。Chukwa 中的主要部件有 Agent、Adaptor、Collector、MapReduce Job 及

HICC 等。其中 Agent 负责采集最原始的数据，并发送给 Collector；Adaptor 是直接采集数据的接口和工具，一个 Agent 可以管理多个 Adaptor 的数据采集；Collector 负责收集 Agent 送来的数据，并定时写入集群中；MapReduce Job 则执行定时启动任务，负责把集群中的数据分类、排序、去重和合并；HICC 负责数据的最后展示。图 3-7 所示为 Chukwa 的架构。

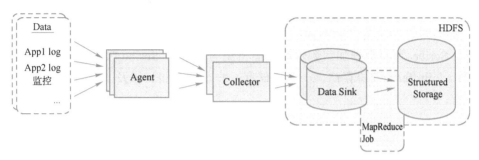

图 3-7　Chukwa 的架构

值得注意的是，Chukwa 不是一个单机系统，在单个节点部署一个 Chukwa 系统基本没有什么用处。Chukwa 是一个在 Hadoop 基础上构建的分布式日志处理系统，它提供了一个对大数据量日志类数据采集、存储、分析和展示的全套解决方案和框架。图 3-8 所示为 Chukwa 从数据的产生、收集、存储、分析到展示的整个采集过程。

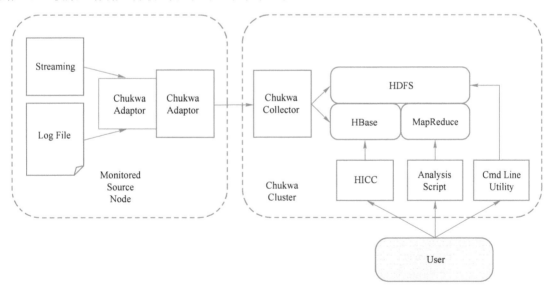

图 3-8　Chukwa 的整个采集过程

5. Scribe

Scribe 是 Facebook 开源的日志收集系统，在 Facebook 内部已经得到大量的应用。它能够从各种日志源上收集日志，存储到一个中央存储系统（可以是网络文件系统、分布式文件系统等）上，以便进行集中统计分析处理。它为日志的"分布式收集、统一处理"提供了一个可扩展的、高容错的方案。在 Scribe 采集数据的过程中，当中央存储系统的网络或机器出现故障时，Scribe 会将日志转存到本地或另一个位置，当中央存储系统恢复后，Scribe 会将转存的日志重新传输给中央存储系统。

　　Scribe 的架构如图 3-9 所示。Scribe 的架构比较简单，主要包括三部分，分别为 Scribe agent、Scribe 和存储系统。Scribe agent 实际上是一个 thrift client（客户端程序），向 Scribe 发送数据的唯一方法是使用 thrift client。Scribe 内部定义了一个 thrift 接口，用户使用该接口将数据发送给服务器。thrift 实际上是一个软件框架，拥有强大的软件堆栈和代码生成引擎，用于可扩展、跨语言的服务开发。Scribe 接收到 thrift client 发送过来的数据后，根据配置文件，将不同的数据发送给不同的对象。Scribe 提供了各种各样的存储系统，如 DB、HDFS 等，Scribe 可将数据加载到这些存储系统中。当前 Scribe 支持多种存储系统，包括 File（文件）、Buffer（双层存储，一个主储存，一个副存储）以及 Network（另一个 Scribe 服务器）等。

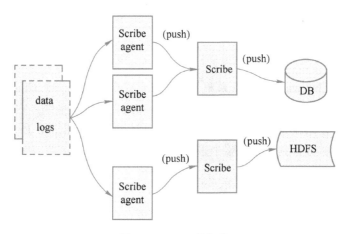

图 3-9　Scribe 的架构

　　值得注意的是，各个数据源须通过 thrift 向 Scribe 推送数据，每条数据记录包含一个 category（目录）和一个 message（消息）。可以在 Scribe 配置用于监听端口的 thrift 线程数（默认为 3）。在后端，Scribe 可以将不同 category 的数据存放到不同目录中，以便进行分别处理。图 3-10 所示为 Scribe 的整个采集过程。

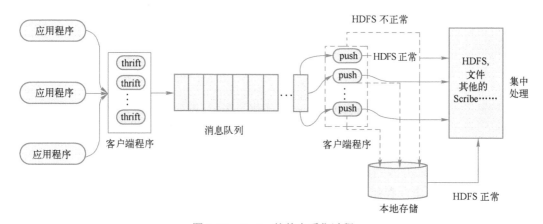

图 3-10　Scribe 的整个采集过程

6．Kafka

Kafka 是由Apache 软件基金会开发的一个开源流处理平台，用Scala和Java编写，使用了多种效率优化机制，适合于异构集群。

Kafka 有以下特性。

1）通过 I/O 的磁盘数据结构提供消息的持久化，这种结构对于即使是太字节数量级的消息存储也能够保持长时间的稳定性能。

2）高吞吐量，即使是非常普通的硬件，Kafka 也可以支持每秒数百万条的消息。

3）支持通过消息分区来提高系统的可扩展性和可靠性。

4）支持Hadoop并行数据加载。

Kafka 实际上是一个消息发布订阅系统，它主要有三种角色，分别为生产者（Producer）、缓存代理（Broker）和消费者（Consumer）。生产者向某个主题（topic）发布消息，而消费者订阅某个主题的消息，进而一旦有新的关于某个主题的消息，缓存代理会传递给订阅它的所有 Consumer。

在 Kafka 中，消息是按主题组织的，而每个主题又会分为多个分区（partition），这样便于管理数据和进行负载均衡。同时，它也使用了 ZooKeeper 进行负载均衡。

图 3-11 所示为 Kafka 的逻辑结构。图 3-12 所示为 Kafka 的采集过程，其中 push 表示推送消息，pull 表示接收消息。

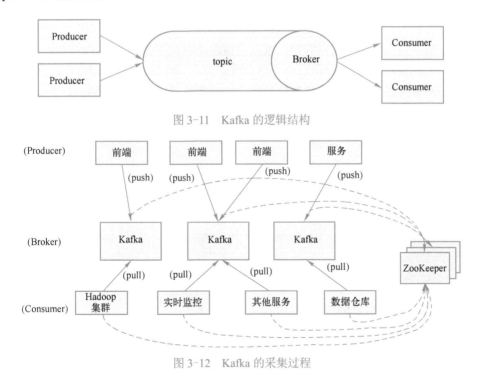

图 3-11　Kafka 的逻辑结构

图 3-12　Kafka 的采集过程

3.1.3　网络数据的采集

1．网络爬虫介绍

网络爬虫是基于网页进行的，因此在了解网络爬虫之前，必须了解网页的工作方式。

（1）网页请求和响应的过程

1）Request（请求）。用户打开网页的前提是在最开始由客户端向服务器发送访问的请求。

2）Response（响应）。服务器在接收到客户端的请求后，会验证请求的有效性，然后向客户端发送相应的内容。客户端接收到服务器的相应内容后，再将此内容向用户展示出来。网页请求和响应的过程如图3-13所示。

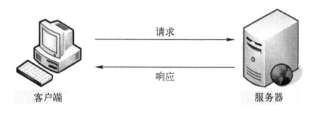

图 3-13　网页请求和响应的过程

（2）网页请求的方式

网页请求的方式一般分为两种，即 GET 和 POST。

1）GET 是最常见的请求方式，一般用于获取或查询资源信息，也是大多数网站使用的方式。

2）POST 与 GET 相比，多了以表单形式上传参数的功能，所以除了查询信息外，POST 方式还可以修改信息。

因此，在编写爬虫程序前要弄清楚向谁发送请求，以及用什么方式发送请求。

（3）网络爬虫的基本工作流程

用户使用网络爬虫来获取网页数据的时候，一般要经过以下几个步骤。

1）发送请求。

2）获取响应内容。

3）解析内容。

4）保存数据。

网络爬虫的基本工作流程如图3-14所示。

图 3-14　网络爬虫的基本工作流程

2. 网络爬虫的基本框架介绍

网络爬虫的基本框架如图3-15所示。

网络爬虫的基本框架主要包括五大模块，分别为爬虫调度器、URL 管理器、HTML 下载器、HTML 解析器和数据存储器。这五大模块的功能如下。

1）爬虫调度器主要负责统筹其他四个模块的协调工作。

2）URL 管理器负责管理 URL 链接，维护已经爬取的 URL 集合和未爬取的 URL 集合，提供获取新 URL 链接的接口。

3）HTML 下载器用于从 URL 管理器中获取未爬取的 URL 链接并下载 HTML 网页。

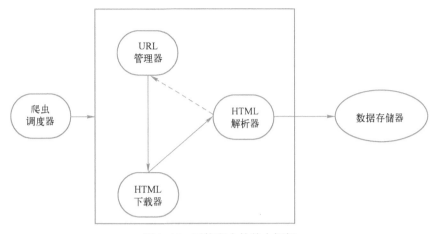

图 3-15　网络爬虫的基本框架

4）HTML 解析器用于从 HTML 下载器中获取已经下载的 HTML 网页，并从中解析出新的 URL 链接交给 URL 管理器，解析出有效数据交给数据存储器。

5）数据存储器用于将 HTML 解析器解析出来的数据以文件或数据库的形式存储起来。

3．Scrapy 爬虫框架介绍

Scrapy 是一个使用 Python 语言编写的开源网络爬虫框架。Scrapy 可用于各种有用的应用程序，如数据挖掘、信息处理及历史归档等，目前主要用于抓取 Web 站点并从页面中提取结构化的数据。

Scrapy 简单易用、灵活且易拓展，并且是跨平台的，在 Linux 以及 Windows 平台中都可以使用，Scrapy 框架目前可以支持 Python 2.7 以及 Python 3+版本。

Scrapy 框架由 Scrapy 引擎（Scrapy Engine）、调度器（Scheduler）、下载器（Downloader）、蜘蛛（Spider）、数据管道（Item Pipeline）、下载器中间件（Downloader Middleware）及爬虫中间件（Spider Middleware）等几部分组成，具体结构如图 3-16 所示。

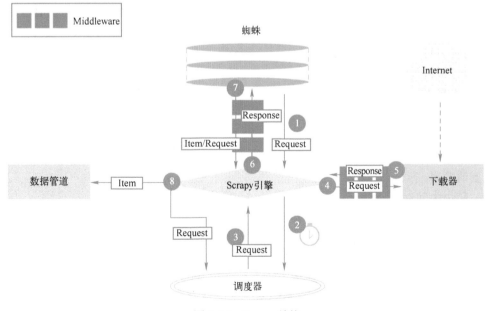

图 3-16　Scrapy 结构

Scrapy 框架中各组件的作用如下。

（1）Scrapy 引擎

Scrapy 引擎是爬虫工作的核心，负责控制数据流在系统所有组件中的流动，并在相应动作发生时触发事件。

（2）调度器

调度器从 Scrapy 引擎接受 Request 并使它们入队，以便之后 Scrapy 引擎请求它们时提供给Scrapy 引擎。

（3）下载器

下载器负责获取页面数据并提供给 Scrapy 引擎，而后提供给蜘蛛。

（4）蜘蛛

蜘蛛是 Scrapy 用户编写的，用于分析由下载器返回的 Response，并提取出数据和额外的URL 的类，每个蜘蛛都能处理一个域名或一组域名。蜘蛛的整个抓取流程如下。

1）获取第一个 URL 的初始请求，当请求返回后调取一个回调函数。第一个请求是通过调用 start_requests()方法实现的。该方法默认从 start_urls 中的 URL 中生成请求，并执行解析来调用回调函数。

2）在回调函数中，解析网页响应并返回项目对象和请求对象或两者的迭代。这些请求也将包含一个回调函数，然后被 Scrapy 下载，由指定的回调函数处理。

3）在回调函数中，解析网站的内容，使用 XPath 选择器选择并生成解析的数据。

4）从蜘蛛返回的数据通常会进驻到数据管道。

（5）数据管道

数据管道主要负责处理由蜘蛛从网页中抽取的数据，它的主要任务是清洗、验证和存储数据。页面被蜘蛛解析后，将被发送到数据管道，并经过几个特定的步骤处理数据。每个数据管道的组件都是由一个简单的方法组成的 Python 类。它们获取了数据并执行它们的方法，同时还需要确定是否需要在数据管道中继续执行下一步或是直接丢弃掉不处理。数据管道通常的执行过程如下。

1）清洗 HTML 数据。

2）验证解析到的数据。

3）检查是否是重复数据。

4）将解析到的数据存储到数据库中。

（6）下载器中间件

下载器中间件是介于 Scrapy 引擎和调度器之间的中间件，主要用于从 Scrapy 引擎发送请求和响应到调度器。

（7）爬虫中间件

爬虫中间件是介于 Scrapy 引擎和蜘蛛之间的框架，主要用于处理蜘蛛的响应输入和请求输出。

在整个框架组成中，蜘蛛是最核心的组件，Scrapy 爬虫开发基本上围绕蜘蛛而展开。

此外，在 Scrapy 框架中还有三种数据流对象，分别是 Request、Response 和 Item。

● Request 是 Scrapy 中的 HTTP 请求对象。

● Response 是 Scrapy 中的 HTTP 响应对象。

- Item 是一种简单的容器，用于保存爬取得到的数据。

3.2　数据清洗

3.2.1　数据清洗概述

1. 数据清洗的定义

数据的不断剧增是大数据时代的显著特征。大数据必须经过清洗、分析、建模、可视化才能体现其潜在的价值。然而，在众多数据中总是存在着许多"脏"数据，即不完整、不规范、不准确的数据，因此数据清洗就是指把"脏"数据彻底洗掉，包括检查数据一致性、处理无效值和缺失值等，从而提高数据质量。在实际的工作中，数据清洗通常占开发过程的 50%～70%的时间。

数据清洗（Data Cleansing/Data Cleaning/Data Scrubbing）可以有多种表述方式，其定义依赖于具体的应用。一般认为，数据清洗的含义是检测和去除数据集中的噪声数据和无关数据，处理遗漏数据，去除空白数据域和知识背景下的白噪声。

2. 数据清洗前的检查与处理

（1）一致性检查

一致性检查是根据每个变量的合理取值范围和相互关系，检查数据命名是否规范、是否有冲突、数据内容是否合乎要求、记录是否有拼写错误，发现超出正常范围、逻辑上不合理或相互矛盾的数据。例如，用 1～7 级量表测量的变量出现了 0 值、体重出现了负数、身高出现了负数、年龄出现了负数、考试成绩出现了负数等，都应视为超出正常值域范围。SPSS、SAS 和 Excel 等计算机软件都能够根据定义的取值范围，自动识别每个超出范围的变量值。具有逻辑上不一致性的答案可能以多种形式出现。例如，许多调查对象说自己开车上班，又报告没有汽车；或者调查对象报告自己是某品牌的重度购买者和使用者，但同时又在熟悉程度量表上给了很低的分值。发现不一致时，要列出问卷序号、记录序号、变量名称、错误类别等，以便进一步核对和纠正。

（2）无效值和缺失值的处理

由于调查、编码和录入误差，数据中可能存在一些无效值和缺失值，需要给予适当的处理。常用的处理方法有估算（Estimation）、整例删除（Casewise Deletion）、变量删除（Variable Deletion）和成对删除（Pairwise Deletion）。

1）估算是用某个变量的样本均值、中位数或众数代替无效值和缺失值。这种办法简单，但没有充分考虑数据中已有的信息，误差可能较大。另一种办法就是根据调查对象对其他问题的答案，通过变量之间的相关分析或逻辑推论进行估计。例如，某一产品的拥有情况可能与家庭收入有关，可以根据调查对象的家庭收入推算拥有这一产品的可能性。

2）整例删除是剔除含有缺失值的样本。由于很多问卷都可能存在缺失值，这种做法的结果可能导致有效样本量大大减少，无法充分利用已经收集到的数据。因此，只适合关键变量缺失，或者含有无效值或缺失值的样本比重很小的情况。

3）变量删除。如果某一变量的无效值和缺失值很多，而且该变量对于所研究的问题不是特别重要，则可以考虑将该变量删除。这种做法减少了供分析用的变量数目。

4）成对删除是用一个特殊码（通常是 9、99、999 等）代表无效值和缺失值，同时保留数据集中的全部变量和样本。但是，在具体计算时只采用有完整答案的样本，因而不同的分析因涉及的变量不同，其有效样本量也会有所不同。这是一种保守的处理方法，最大限度地保留了数据集中的可用信息。

3.2.2 数据清洗的流程

（1）预处理

在数据清洗的预处理阶段主要进行以下两个方面的工作。

1）选择数据处理工具。一般使用关系型数据库，单机可使用 MySQL。如果数据量大（千万级以上），可以使用文本文件存储加 Python 操作的方式。

2）查看数据的元数据及数据特征。一是看元数据，包括字段解释、数据来源、代码表等一切描述数据的信息；二是抽取一部分数据，使用人工查看方式，对数据本身有一个直观的了解，并且初步发现一些问题，为之后的处理做准备。

（2）缺失值清洗

缺失值是最常见的数据问题，处理缺失值也有很多方法，一般按照以下四个步骤进行。

1）确定缺失值范围。对每个字段都计算其缺失值比例，然后按照缺失比例和字段的重要性，分别制定策略。

2）去除不需要的字段。直接将不需要的字段删除即可，但要注意备份。此外，删除最好不要直接操作于原始数据上，应抽取部分数据进行模型构建，并查看模型效果，如果效果较好，再推广到全体数据上。

3）填充缺失值内容。该步骤是最重要的一步，通常使用以下几种填充方式。

● 以业务知识和经验来填充，如字段"计算*"，通过经验来推算在"*"处可填充"机"或"器"字。

● 以同一字段指标的计算结果（均值、中位数、众数等）填充。

● 以不同指标的计算结果填充缺失值，如通过身份证号码推算年龄，通过收件人邮编号码推算大致的地理位置等。

4）重新获取数据。如果某些指标非常重要，但缺失率比较高，在此情况下，可以和数据产生方再次协商解决，如通过电话询问或重新发送数据表的方式来实现。

（3）格式和内容清洗

一般情况下，数据是由用户产生的，因此也可能存在格式和内容不一致的情况，所以需要在模型构建前先进行数据格式和内容的清洗。数据格式和内容的清洗主要有以下几类。

1）时间、日期、数值、全半角等显示格式不一致。这种问题通常与输入端有关，在整合多来源数据时也有可能遇到，将其处理成一致的某种格式即可。

2）内容中有不该存在的字符。某些内容可能只包括一部分字符，如身份证号码是由数字+字母组成，中国人姓名大多由汉字组成（出现字母的情况还是少数）。最典型的就是头、尾、中间有多余的空格，也可能出现姓名中有数字符号、身份证号码中有汉字等情况。这种情况下，需要以半自动校验、半人工方式来找出可能存在的问题，并去除不需要的字符。

3）内容与该字段应有内容不符。例如姓名写成了性别、身份证号码写成了手机号等，均属于这种问题。但该问题的特殊性在于，并不能简单地以删除来处理，因为成因有可能是人工填写错误，也有可能是前端没有校验，还有可能是导入数据时部分或全部存在没有对齐的问题，因此要仔细识别问题类型。

（4）逻辑错误清洗

逻辑错误清洗是指通过简单的逻辑推理发现问题数据，从而防止分析结果偏离。它主要包含以下几个步骤。

1）数据去重。如果在数据表中出现完全相同的非人工录入数据，那么简单去重即可。如果是人工录入的，则需要确认后再清除。在清除重复数据时可用但不限于模糊匹配算法来实施，也可以人工清除。

2）去掉不合理的数据。如果在填写数据过程中由人为因素导致填写错误，那么可以清除错误数据。例如，在填写年龄时，将"20 岁"写为了"200 岁"或"-20 岁"，就可以将该数据清除。

3）去掉不可靠的数据。有的错误数据是可以通过前后的逻辑关系来发现的，如身份证号码是 1101031985×××××××××，而年龄填写的是 20 岁，此时需要根据数据来源判断哪个数据提供的信息更为可靠，去除或重构不可靠的数据。

4）对来源不可靠的数据重点关注。例如，某厂商的产品反馈表显示该产品 85%的用户是女性，但是该产品的用户并没有身份验证，也无法精确地判断用户性别。因此该反馈信息值得重新审查，如果不能确定数据来源，则该数据应该及时清除或重新获取。

值得注意的是，除了以上列举的情况，还有很多逻辑错误，在实际操作中要根据情况处理。

（5）多余数据清洗

在清洗不需要的数据时，应尽可能多地收集数据并将其应用于模型构建中。但是在实际开发中数据越多，模型的构建就会越慢，因此有的时候需要将不必要的数据删除，以求达到最好的模型效果。值得注意的是，在进行多余数据清洗前应考虑原始数据的备份。

（6）关联性验证

如果数据有多个来源，那么有必要进行关联性验证，该过程常应用于多数据源合并，通过验证数据之间的关联性来选择准确的特征属性。例如，销售公司有汽车的线下购买信息，也有电话客服问卷信息，通过姓名和手机号关联，可以验证同一个人线下购买时登记的车辆信息和线上问卷回答的车辆信息是否一致，如果不一致就需要调整或去除数据。

例如，在 Excel 表中可通过以下方式来进行基本的数据清洗。

- 删除重复行。
- 查找和替换文本。
- 更改文本大小写。
- 修复数字和数字符号。
- 修复日期和时间。
- 合并和拆分列。
- 删除文本中的空格和非打印字符。

图 3-17 所示为在 Excel 表中的数据清洗处理，对每个数据都要进行细致的检查，以确保无误。

G3 =IF(COUNTIF(A3:F3,"<>0")>3,"错误","正确")

A	B	C	D	E	F	G
序号	问卷调查					检验
	A	B	C	D	E	
1	0	0	1	0	0	正确
2	1	1	0	0	0	正确
3	1	0	1	2	0	错误
4	1	10	1	0	0	错误

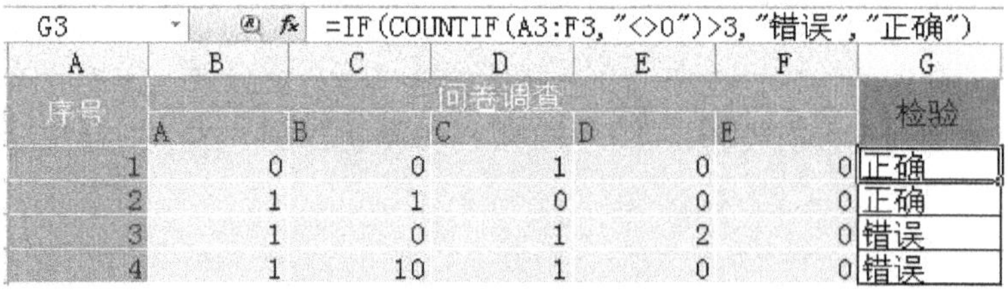

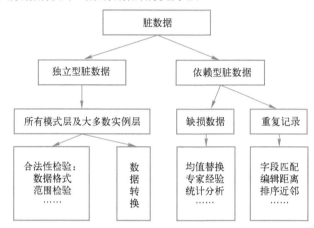

图 3-17 Excel 表中的数据清洗处理

图 3-18 所示为大数据清洗中对脏数据的清洗方法。

图 3-18 对脏数据的清洗方法

从图 3-18 中可以看出，数据清洗是一个基础性的工作，是大数据分析与应用的保证。因此，对海量大数据的清洗不仅有利于提高搜索处理效率，还能加速大数据产业与各行各业的融合，加快应用步伐。例如，对家电、物流等多个行业数据的整合、过滤，有助于更好地设计出智能家居方案等。

3.2.3 数据清洗的常用方法

1. 数据缺失值的处理方法

（1）删除缺失值

如果样本数很多，并且出现缺失值的样本占整个样本的比例相对较小，这种情况下，可以将出现缺失值的样本直接删除。这是一种很常用的策略。

（2）均值填补法

均值填补法是根据缺失值的属性中相关系数最大的那个属性把数据分成几组，然后分别计算每个组的均值，用这些均值代替缺失的数值。

（3）热卡填补法

对于一个包含缺失值的变量，热卡填充法的做法是：在数据库中找到一个与它最相似的对象，然后用这个相似对象的值来进行填充。对于不同的问题，相似的标准可能会不同，最常见的是使用相关系数矩阵来确定哪个变量（如变量 Y）与缺失值所在变量（如变量 X）最相关，然后把所有变量按 Y 的取值大小进行排序。那么，变量 X 的缺失值就可以用排在缺失值前的那个对象的数据来代替。

（4）最近距离决定填补法

最近距离决定填补法是指假设现在的时间为 y，前一段时间为 x，然后根据 x 的值去填补 y 的值。该方法不适用于受时间影响比较大的数据。

（5）回归填补法

假设 y 属性存在部分缺失值，但是知道 x 属性，就可以使用回归法对没有缺失的样本进行模型训练，再把这个值的 x 属性代入，对这个 y 属性进行预测，然后填补到缺失处。当然，这里的 x 属性不一定是一个属性，也可以是一个属性组，这样能够减少单个属性与 y 属性之间的相关性影响。

（6）多重填补法

多重填补法是指在数据清洗中由包含 M 个插补值的向量代替每一个缺失值的过程，该方法要求 M 大于等于 20。对每一个插补值都给 M 个缺失值，这样数据集就会变成 M 个，然后用相同的方法对这 M 个样本集进行处理，得到 M 个处理结果，综合这 M 个结果，最终得到对目标变量的估计。

（7）K-最近邻法

K-最近邻法是先根据欧氏距离函数和马氏距离函数来确定距离缺失值数据最近的 k 个元组，然后将这 k 个值加权（权重一般是距离的比值）平均来估计缺失值。

（8）有序最近邻法

有序最近邻法建立在 K-最近邻法的基础上，它是根据属性的缺失率进行排序，从缺失率最小的开始进行填补的一种常用的数据清洗方法。这样做的好处是将算法处理后的数据也加入到对新的缺失值的计算中，这样即使丢了很多数据，依然会有很好的效果。在这里需要注意的是，欧氏距离函数不考虑各个变量之间的相关性，这样可能会导致缺失值的估计不是最佳的情况，所以一般都是用马氏距离函数进行最近邻法的计算。

（9）基于贝叶斯的方法

基于贝叶斯的方法是分别将缺失的属性作为预测项，然后根据最简单的贝叶斯方法对这个预测项进行预测。

2．噪声数据的处理方法

噪声数据是指数据中存在着错误或异常（偏离期望值）的数据，这些数据对数据的分析造成了干扰。噪声数据主要包含错误数据、假数据和异常数据。这里主要讲述异常数据的处理。异常数据也称异常值，是指系统误差、人为误差或固有数据的变异使得它们与总体的行为特征、结构或相关性等不一样的数据。通常，异常值也被称为离群点，对于异常值，常使用以下几种方法处理。

（1）分箱法

分箱法是一种简单常用的数据清洗方法，该方法通过考察相邻数据来确定最终值。所谓"分箱"，实际上就是按照属性值划分的子区间，如果一个属性值在某个子区间内，就称把该属性值放进了这个子区间所代表的"箱子"内。把待处理的数据（某列属性值）按照一定的规则放进一些箱子中，并考察每一个箱子中的数据，采用某种方法分别对各个箱子中的数据进行处理。在采用分箱法时，需要确定的两个主要问题是：如何分箱以及如何对每个箱子中的数据进行平滑处理。常见的分箱法有以下几种。

1）等深分箱法。每箱具有相同的记录数，每个箱子的记录数称为箱子的深度。

2）等宽分箱法。在整个数据值的区间上进行平均分割，使得每个箱子的区间长度相等，该区间长度被称为箱子的宽度。

3）用户自定义分箱法。根据用户自定义的规则进行分箱处理，当用户明确希望观察某些区间内的数据分布时，使用这种方法可以方便地帮助用户达到目的。

在分箱之后，需要对每个箱子中的数据进行平滑处理。平滑处理的方法主要有按平均值平滑、按边界值平滑和按中值平滑。

1）按平均值平滑。对同一箱中的数据求平均值，用平均值替代该箱子中的所有数据。

2）按边界值平滑。用距离较小的边界值替代箱子中的所有数据。

3）按中值平滑。取箱中数据的中值，用来替代箱子中的所有数据。

（2）回归法

回归法是试图发现两个相关的变量之间的变化模式，通过使数据适合一个函数来平滑处理数据，即通过建立数学模型来预测下一个数值。回归法分为线性回归和非线性回归。线性回归涉及找出拟合两个属性（或变量）的"最佳"直线，可以用一个属性的值来预测另一个属性的值。非线性回归是线性回归的延伸，其中涉及的属性多于两个，并且将数据拟合到一个多维曲面。图3-19所示为回归法示意图。

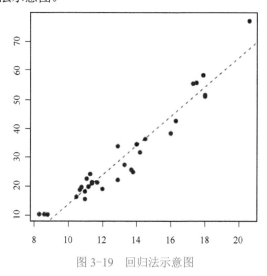

图3-19　回归法示意图

（3）聚类分析法

聚类分析法是将数据集合分组为若干个簇，在簇外的值叫作孤立点，这些孤立点就是噪声数据，应当对这些孤立点进行删除或替换。图3-20所示为聚类分析法示意图。

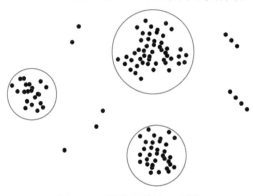

图3-20　聚类分析法示意图

从图 3-20 中可以看出，在圆圈外的点值即为噪声数据。

3. 冗余数据的处理方法

冗余数据既包含重复的数据，也包含与分析处理的问题无关的数据，通常采用过滤数据的方法来处理冗余数据。例如，对于重复数据采用重复过滤法，对于无关的数据则采用条件过滤法。

（1）重复过滤法

重复过滤法是指在已知重复数据内容的基础上，从每一个重复数据中抽取一条记录保存下来，并删掉其他的重复数据。

（2）条件过滤法

条件过滤法是指根据一个或多个条件对数据进行过滤。在操作时对一个或多个属性设置相应的条件，并将符合条件的记录放入结果集中，将不符合条件的数据过滤掉。例如，在电子商务网站中对商品的属性（如品牌、价格等）进行分类，然后根据商品的这些属性进行筛选，最终得到想要的结果。

3.2.4 数据标准化概述

1. 数据标准化简介

在大数据分析前，为了统一比较的标准，保证结果的可靠性，需要对原始数据进行标准化处理。

数据的标准化是通过一定的数学变换方式，将原始数据按照一定的比例进行转换，使之落入一个小的特定区间内，如 0～1 或-1～1 区间内，消除不同变量之间性质、量纲、数量级等特征属性的差异，将其转化为一个无量纲的相对数值。因此，标准化数值使各指标的数值都处于同一个数量级别上，从而便于不同单位或数量级的指标进行综合分析和比较。

例如，在比较学生成绩时，一个百分制的变量与一个五分制的变量是无法直接比较的，只有通过数据标准化，把它们都转化为同一个标准才具有可比性。

又如，在利用大数据预测房价时，由于全国各地的平均收入水平是不同的，因此它们对房价的影响程度也是不一样的，而通过标准化处理，可以使得不同的特征具有相同的尺度。

因此，原始数据经过标准化处理后，能够转化为无量纲化指标测评值，各指标值处于同一数量级别，可进行综合测评分析。

2. 数据标准化的方法

目前有许多种数据标准化方法，常用的有最小-最大标准化法、Z-score 标准化法和小数定标标准化法等。下面对数据标准化的常用方法进行介绍。

（1）最小-最大标准化法

最小-最大（min-max）标准化法对原始数据进行线性变换。设 minA 和 maxA 分别为属性 A 的最小值和最大值，将 A 的一个原始值 x 通过最小-最大标准化映射成[0,1]区间中的值 x'，其公式为：

$$x'=(x-minA)/(maxA-minA)$$

这种方法适用于原始数据的取值范围已经确定的情况。例如，在处理自然图像时，人们获得的像素值在[0,255]区间中，常用的处理方法是将这些像素值除以 255，使它们缩到 [0,1] 区间中。

（2）Z-score 标准化法

Z-score 标准化法是基于原始数据的均值（Mean）和标准差（Standard Deviation）进行数据的标准化。将属性 A 的原始值 x 使用 Z-score 标准化法标准化到 x' 的公式为：

$$x'=(x-均值)/标准差$$

Z-score 标准化法适用于属性 A 的最大值和最小值未知的情况，或有超出取值范围的离群数据的情况。

在分类、聚类算法中需要使用距离来度量相似性，或者使用 PCA（协方差分析）法进行降维时，Z-score 标准化法表现更好。

（3）小数定标标准化法

小数定标标准化法是通过移动数据的小数点来进行标准化。小数点移动多少位取决于属性 A 的取值中的最大绝对值。将属性 A 的原始值 x 使用小数定标标准化法标准化到 x' 的公式为：

$$x'=x/10^{j}$$

其中，j 是满足条件的最小整数。

例如，假定 A 的取值范围为-986~917，则 A 的最大绝对值为 986，使用小数定标标准化法用 1 000（即 $j=3$）除每个值，这样，-986 被标准化为-0.986。

3.2.5　数据标准化的实例

图 3-21 所示为原始数据，图 3-22 所示为经过 Z-score 标准化后的数据。经过标准化后数据均值为 0，标准差为 1。

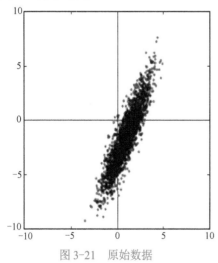

图 3-21　原始数据

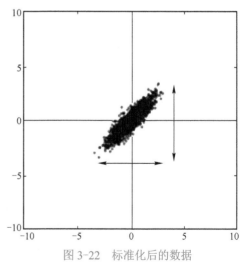

图 3-22　标准化后的数据

综上所述，数据标准化最典型的方法就是数据的归一化处理，即将数据统一映射到[0,1]区间中。

3.3　数据仓库概述

3.3.1　数据仓库介绍

数据仓库

数据仓库是决策支持系统和联机分析应用数据源的结构化数据环境，它研究和解决从数据库中获取信息的问题，并为企业所有级别的决策制定提供所有类型数据支持的战略集合。

数据仓库的特点如下。

1）数据仓库是集成的。数据仓库的数据来自于分散的操作型数据，将所需数据从原来的数据中抽取出来，进行加工与集成、统一与综合之后才能进入数据仓库。

2）数据仓库中的数据是在对原有分散的数据库数据抽取、清理的基础上经过系统加工、汇总和整理得到的。

3）数据仓库是在数据库数据已经大量存在的情况下，为进一步挖掘数据资源和决策需要而产生的，数据仓库的建设目的是为前端查询和分析打好基础。

3.3.2　数据集成

数据挖掘所需要的不同产品或系统中的数据常常是分散在各个系统中的，并且格式不一致、计量单位不一致。而数据仓库必须将这些分散的数据统一为一致的、无歧义的数据格式，并解决命名冲突、计量单位不一致等问题，然后将数据整合在一起，才能称这个数据仓库是集成的。

数据集成正是把不同来源、格式、特性的数据在逻辑上或物理上有机地集成，从而为企业提供全面的数据共享。在企业数据集成领域，已经有了很多成熟的框架可以利用。目前通常采用联邦式，基于中间件模型和数据仓库等方法来构造集成的系统，这些技术在不同的着重点和应用上解决数据共享问题和为企业提供决策支持。

3.3.3　数据变换

数据变换的目的是将数据变换或统一为适合挖掘的形式，其主要内容如下。

1）光滑。去掉数据中的噪声。

2）聚集。对数据进行汇总。

3）数据泛化。这是一个从相对低层的概念到较高层概念且对数据库中与任务相关的大量数据进行抽象概述的分析过程。

4）标准化。这是通过一定的数学变换方式，将原始数据按照一定的比例进行转换，使之落入一个小的特定区间内，如 0～1 或-1～1 的区间内。

3.3.4　数据仓库的构建工具

1. ETL 介绍

数据仓库中的数据来源十分复杂，既有可能位于不同的平台上，又有可能位于不同的操作系统中，同时数据模型也相差较大。因此，为了获取并向数据仓库中加载这些数据量大且种类繁多的数据，一般要使用专业的工具来完成这一操作。

ETL 是英文 Extract-Transform-Load 的缩写，用来描述将数据从来源端经过抽取、转换、加载至目的端的过程。图 3-23 所示为 ETL 的流程。

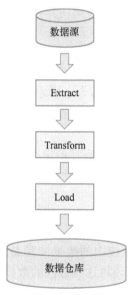

图 3-23　ETL 的流程

ETL 流程如下。

1）数据抽取，把数据从数据源读出来。

2）数据转换，把原始数据转换成期望的格式和维度。如果用在数据仓库的场景下，数据转换也包含数据清洗。

3）数据加载，把处理后的数据加载到目的端，如数据仓库。

2. ETL 常用工具

ETL 是数据仓库中非常重要的一环，是承前启后的必要环节。ETL 负责将分布的、异构的数据源中的数据（如关系数据、平面数据文件等）抽取到临时中间层后进行清洗、转换、集成，最后加载到数据仓库或数据集中，成为联机分析处理、数据挖掘的基础。

目前市场上常见的 ETL 工具包含以下几种。

（1）Talend

Talend 公司是第一家针对数据集成工具市场的 ETL 开源软件供应商。Talend 以它的技术和商业双重模式为 ETL 服务提供了一个全新的远景。它打破了传统的独有封闭服务，提供针对所有规模公司的公开、创新、强大、灵活的软件解决方案。

（2）DataStage

DataStage 是 IBM 公司开发的商业软件，是一种数据集成软件平台，能够帮助企业从散布在各个系统中的复杂异构信息中获得更多价值。DataStage 支持对数据结构从简单到高度复杂的大量数据进行收集、变换和分发操作。Datastage 的全部操作都在同一个界面中，不用切换界面就能够看到数据的来源和整个作业的情况。

（3）Kettle

Kettle 的中文名称叫水壶，是一款国外开源的 ETL 工具，用纯 Java 语言编写，可以在 Windows、Linux、UNIX 等操作系统上运行，数据抽取高效稳定。Kettle 中有两种脚本文件，即 transformation 和 job。transformation 完成针对数据的基础转换，job 则完成整个工作流的控制。

（4）Informatica PowerCenter

Informatica PowerCenter 是一款非常强大的 ETL 工具，支持各种数据源之间的数据抽取、转换、加载等，多用于大数据和商业智能等领域。企业一般根据自己的业务数据构建数据仓库，在业务数据和数据仓库间进行 ETL 操作。

3.4　Kettle 工具概述

1. Kettle 的安装

Kettle 工具既有图形界面，也有命令脚本，还可以进行二次开发（官方社区网址为 http://forums.pentaho.com）。Kettle 工具可从网上下载并安装，此外，由于 Kettle 工具是基于 Java 开发的，因此需要 Java 环境。

（1）下载安装并配置 JDK 安装包

1）首先从官网上下载 Java JDK 安装包。

JDK 安装包下载网址为http://www.oracle.com/technetwork/java/javase/downloads/index.html。

2）配置 path 变量。下载完并安装完毕后要进行环境配置。在"我的电脑"→"高级"→"环境变量"中找到 path 变量，把 Java 的 bin 路径添加进去用分号分隔，注意要找到自己的对应安装路径，如 D:\Program Files\Java\jdk1.8.0_181\bin。

3）配置 classpath 变量。在环境变量中新建一个 classpath 变量，在里面输入 Java 安装目录下 dt.jar 和 tools.jar 文件的路径，如 D:\Program Files\Java\jdk1.8.0_181\lib\dt.jar、D:\Program Files\Java\jdk1.8.0_181\lib\tools.jar。

4）配置完成后，打开命令提示符窗口，输入"java"命令，如果配置成功会显示如图 3-24 所示的界面。

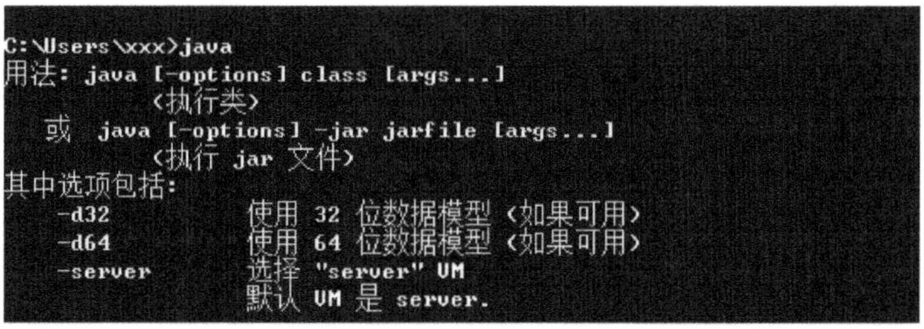

图 3-24　配置 JDK

（2）下载安装 Kettle 工具

1）首先从官网上下载 Kettle 工具，本书下载的是 7.1 版本。由于 Kettle 是绿色软件，因此下载后可以解压到任意目录。

Kettle 工具下载网址为http://kettle.pentaho.org。

2）下载并安装完成后，双击安装目录下的 spoon.bat 批处理文件，即可启动 Kettle 工具，如图 3-25 所示。

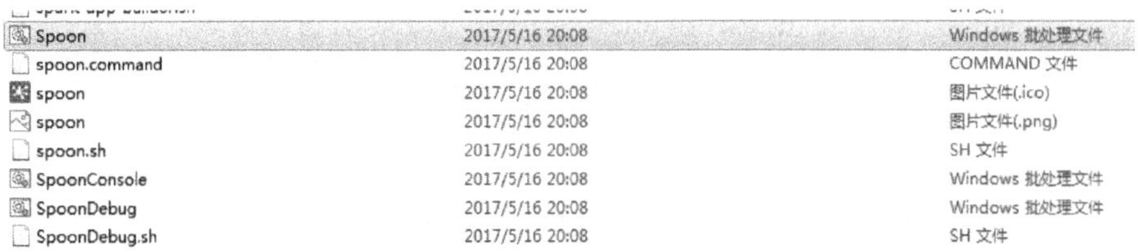

图 3-25　双击 spoon.bat 文件

3）Kettle 工具启动界面如图 3-26 所示。

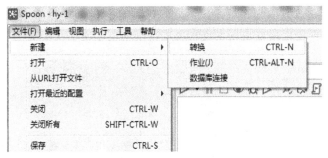

图 3-26　Kettle 工具启动界面

2．Kettle 工具的使用

1）成功启动 Kettle 后，在菜单栏中选择"文件"菜单下的"新建"子菜单，可以看到有三个菜单命令："转换""作业""数据库连接"。在此选择"转换"菜单命令，如图 3-27 所示。

图 3-27　选择"转换"菜单命令

2）在打开的窗口中选择"步骤"列表框中的"输入"选项，如图 3-28 所示。

图 3-28　选择"输入"选项

3）在"输入"选项下选择"Excel 输入"图标，并把该图标拖动至右侧工作区，如图 3-29 所示。

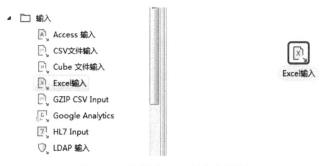

图 3-29　选择"Excel 输入"图标

4）选择"输出"选项下的"Access 输出"图标，如图 3-30 所示。

5）将"Access 输出"图标也拖动至右侧工作区。同时选中这两个图标，右击鼠标，在弹出的快捷菜单中选择"新建节点连接"命令，如图 3-31 所示。

图 3-30　选择"Access 输出"图标　　　　　图 3-31　选择"新建节点连接"命令

6）双击"Excel 输入"图标，打开"Excel 输入"对话框，在"文件"选项卡中的"选中的文件"中选择一个本地的 Excel 文件，单击"确定"按钮，如图 3-32 所示。

图 3-32 选择一个 Excel 文件

7）设置好后，在菜单栏中选择"执行"→"运行"菜单命令，即可在 Kettle 中运行数据转换，如图 3-33 所示。

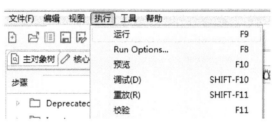

图 3-33 运行转换

8）转换结束后，在执行结果中选择"日志"选项卡，即可查看运行结果，如图 3-34 所示。

图 3-34 查看日志

9）程序运行完毕后会生成转换后的文件，该文件的后缀名为.ktr，如图 3-35 所示。

图 3-35　生成转换后的文件

3.5　实训 1　使用 Python 实现网络数据的采集

1. 实训目的

通过实训了解大数据采集与清洗的特点，能进行与大数据采集有关的简单操作。

2. 实训内容

运行 Python，书写代码如下。

```python
import urllib.request
url="http://www.baidu.com"
response=urllib.request.urlopen(url)
print(response.getcode())          #获取状态码
print(response.geturl())           #获取网页 URL
print(response.getheaders())       #获取爬取网页内容的头部相关信息
```

运行即可爬取百度网页中的相关信息，结果如图 3-36 所示。

图 3-36　Python 爬虫运行结果

3.6 实训 2 清洗 Excel 数据

1. 实训目的

能在 Excel 中进行与大数据采集有关的简单操作。

2. 实训内容

请观察图 3-37 中的数据,思考哪些数据需要被清洗。

	A	B
1	日期	销量
2	2023/3/1	500
3	2023/3/2	700
4	2023/3/3	670
5	2023/3/4	-3
6	2023/3/5	560
7	2023/3/6	700
8	2023/3/7	700
9	2023/3/8	700
10	2023/3/9	700
11	2023/3/10	800
12	2023/3/11	
13	2023/3/12	670
14	2023/3/13	740
15	2023/3/14	700
16	2023/3/15	700
17	2023/3/16	700
18	2023/3/17	680
19	2023/3/18	2
20	2023/3/19	901
21	2023/3/20	700

图 3-37 表格中的数据

3.7 实训 3 清洗异常数据

1. 实训目的

能够识别数据异常值。

2. 实训内容

在数据异常值清洗中一般要遵循 3∂ 原则,该原则是指数据需要服从正态分布,如果数据值超过 3 倍标准差,那么可以将其视为异常值。请观察图 3-38 中的数据,思考哪些数据需要被清洗。

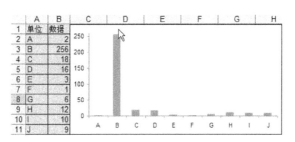

图 3-38　图中的数据

3.8　实训 4　使用 Kettle 进行数据排序

1. 实训目的

能够在 Kettle 中进行数据排序的操作。

2. 实训内容

1）成功运行 Kettle 后在菜单栏单击文件，在"新建"中选择"转换"选项，在"输入"中选择"Excel 输入"选项，在"转换"中选择"排序记录"选项，将其一一拖动到右侧工作区中，并建立彼此之间的节点连接关系，最终生成的工作界面如图 3-39 所示。

图 3-39　Kettle 数据排序工作界面

2）在"Excel 输入"选项中导入 Excel 数据表，如图 3-40 所示，数据表内容如图 3-41 所示；选中"字段"，单击"获取来自头部数据的字段"按钮，如图 3-42 所示。

图 3-40　Kettle 导入 Excel 数据表

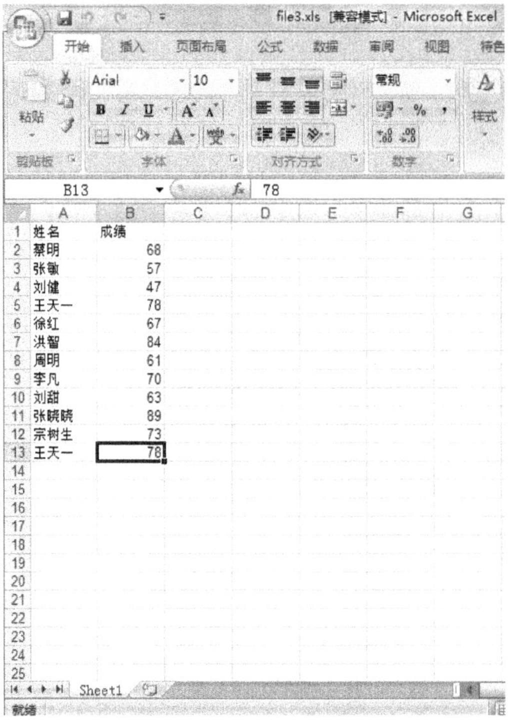

图 3-41　Excel 数据表内容

图 3-42　获取字段

3）双击"排序记录"选项，对字段中的"成绩"按照降序排序，运行如图 3-43 所示。

图 3-43　对字段排序

4）保存该文件，选择"运行这个转换"选项，在"执行结果"中的"Preview data"预览生成的数据，如图 3-44 所示。

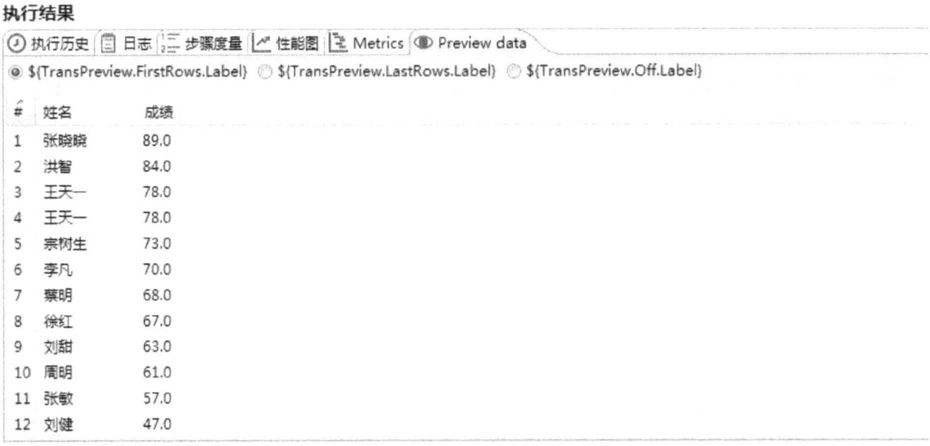

图 3-44 查看排序结果

本章小结

1）数据是大数据应用的基础，研究、分析大数据的前提是拥有大数据。数据的来源有很多种，既可以是企业自身采集得到的，也可以是通过网络爬虫等方式获取的。

2）目前常用的开源日志采集平台有 Apache Flume、Fluentd、Logstash、Chukwa、Scribe 及 Kafka 等。这些采集平台大部分采用的是分布式架构，以满足大规模日志采集的需要。

3）网络数据采集是指利用互联网搜索引擎技术实现有针对性、行业性、精准性的数据抓取，并按照一定规则和筛选标准进行数据归类，形成数据库文件的过程。

4）数据的不断剧增是大数据时代的显著特征。大数据必须经过清洗、分析、建模、可视化才能体现其潜在的价值。

5）数据仓库是决策支持系统和联机分析应用数据源的结构化数据环境，它研究和解决从数据库中获取信息的问题，并为企业所有级别的决策制定过程提供所有类型数据支持的战略集合。

6）ETL 是数据仓库中非常重要的一环，是承前启后必要环节。

习题 3

简答题

1. 请阐述数据采集有哪些方法。

2. 数据采集平台有哪些？

3. 为什么要进行数据清洗？

4. 数据清洗有哪些流程？

5. 什么是数据标准化？

6. 请阐述什么是数据仓库。

7. 实施 ETL 有哪些常见工具？

第4章 大数据存储

- 了解大数据存储的概念。
- 了解大数据存储的类型。
- 了解大数据存储的方式。
- 了解大数据中的数据库应用。

4.1 大数据存储概述

4.1.1 大数据存储的概念

1. 大数据存储的定义

大数据存储通常是指将那些数量巨大，难于收集、处理、分析的数据集持久化到存储设备中。在进行大数据分析之前，首先要将海量的数据存储起来以便使用。因此，大数据的存储是数据分析与应用的前提。

2. 大数据获取及存储与传统存储的区别

1）大数据通常是吉字节甚至是太字节乃至 PB 的数量级，因而与传统的数据存储方式差异较大。例如，在传统的数据存储中，1MB 相当于 6 本《红楼梦》的字数，而据 Meta 统计，Meta 每天产生 4PB 的数据，包含 100 亿条消息，以及 3.5 亿张照片和 1 亿小时的视频浏览。

2）传统数据的获取方式大多是人工的，或者是简单的键盘输入，如超市每天的营业额等营业数据，多数是以电子表格的方式输入并存储到计算机中的，存储量较小。

在大数据时代，数据获取的方式有这样几种：爬虫爬取、用户留存、用户上传、数据交易和数据共享。图 4-1 所示为大数据的数据获取方式。

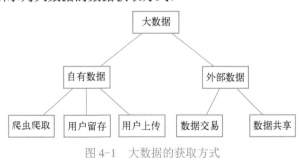

图 4-1 大数据的获取方式

从图 4-1 中可以看出，自有数据与外部数据是数据获取的两个主要渠道。人们可以通过一些爬虫软件有目的地定向爬取，如爬取一批用户的微博关注数据、某汽车论坛的各型号汽车的报价等。用户留存一般是用户使用了公司的产品或业务，用户在使用产品或业务的过程中会留下一系列行为数据，这构成了大数据中的数据库主体，通常的数据分析多基于用户留存的数据。用户上传的数据包括持证自拍照、通讯录、历史通话详单等需要用户主动授权提供的数据，这类数据往往是业务运作中的关键数据。相较于自有数据获取，外部数据的获取方式简单许多，绝大多数都是基于 API 接口传输，也有少量的数据采用线下交易，以表格或文件的形式线下传输。此类数据或是采用明码标价的方式标明一条数据的价格，或是交易双方承诺数据共享，谋求共同发展。

3）在大数据时代，数据的传输也与传统的数据传输方式不同。如传统数据要么以线下传统文件的方式，要么以邮件或第三方软件的方式进行传输，而随着 API 接口的成熟和普及，API接口也随着时代的发展逐渐标准化、统一化。如一个程序员只用两天的时间就能完成一个 API接口开发，而 API 接口传输数据的效率更是能够达到毫秒级。

4）大数据存储的数据类型与传统存储的数据类型差异较大。传统数据更注重对象的描述，而大数据更倾向于对数据过程的记录。例如，要记录一个客户的信息，传统存储如表 4-1 所示，而大数据存储如表 4-2 所示。

表 4-1　传统存储方式

姓名	身高	体重	年龄	爱好	职业
张明	170cm	55kg	43	唱歌	教师
李明	165cm	55kg	41	游泳	军人

表 4-2　大数据存储方式

姓名	身高	体重	年龄	爱好	身份	作息	睡眠质量	性格	身体状况	常去地点	网购习惯
张飞	172cm	66kg	34	爬山	职员	23 点睡觉	较好	外向	较好	健身房	经常
关林	176cm	61kg	38	上网	公务员	24 点睡觉	一般	外向	一般	图书馆	偶尔

从表 4-1 和表 4-2 中可以看出，如果用大数据的方式来记录一个人，那么就可以详细地记录这个人的作息时间、睡眠质量、身体状况、性格习惯、每个时间点在做什么等一系列过程数据。通过这些过程数据不仅能了解一个人的基本信息，还能知道他的习惯、性格，甚至能挖掘出隐藏在生活习惯中的情绪与内心活动等信息。这些都是传统数据所无法体现的，也是大数据承载信息的丰富之处，在丰富的信息背后隐藏着巨大的价值，这些价值甚至能帮助人们达到"通过数据来详细了解一个人"的境界。

综上所述，大数据存储不仅存储数据的容量较大，更重要的是人们可以从存储的数据中找到相互的关系，通过对数据进行比较和分析，最终产生商业价值。

4.1.2　大数据存储的类型

大数据存储的类型主要有以下三种：块存储、文件存储和对象存储。

1. 块存储

块存储就像硬盘一样，直接挂载到主机，一般作为主机的直接存储空间和数据库应用的存储。它主要有以下三种形式。

1）直连式存储（Direct Attached Storage，DAS）。DAS 是一种直接连接于主机服务器的存储方式。在 DAS 中，每一台主机服务器有独立的存储设备，主机服务器的存储设备之间无法互通，需要跨主机存取数据时，必须经过相对复杂的设定。若主机服务器分属不同的操作系统，则要存取的彼此数据更加复杂，有些系统甚至不能存取。通常用在单一网络环境且数据交换量不大、性能要求不高的情况，可以说是一种应用较早的技术实现。

2）存储区域网络（Storage Area Network，SAN）。SAN 是一种用高速（光纤）网络连接专业主机服务器的存储方式。此系统位于主机群的后端，它使用高速 I/O 连接方式，如 SCSI、ESCON 及光纤通道（Fiber Channel）。一般而言，SAN 应用在对网络速度要求高、对数据的可靠性和安全性要求高、对数据共享的性能要求高的应用环境中，特点是代价高、性能好。例如，用于电信、银行的大数据量的关键应用。它采用 SCSI 块 I/O 的命令集，通过对磁盘或光纤通道级的数据访问提供高性能的随机 I/O 和数据吞吐率。它具有高带宽、低延迟的优势，在高性能计算中占有一席之地，但是由于 SAN 系统的价格较高，且可扩展性较差，已不能满足成千上万个 CPU 规模的系统。

3）云存储的块存储。它具备 SAN 的优势，而且成本低，不用自己运维，且提供弹性扩容，随意搭配不同等级的存储等功能，存储介质可选择普通硬盘和固态硬盘（SSD）。

2. 文件存储

文件存储相对块存储来说更能兼顾多个应用和更多用户访问，同时提供方便的数据共享手段，毕竟大部分的用户数据都是以文件形式存放的。在个人计算机时代，数据共享也大多是文件的形式，如常见的 FTP 服务、NFS 服务、Samba 共享都属于典型的文件存储。文件存储与较底层的块存储不同，它上升到了应用层，一般而言是一套网络存储设备，通过 TCP/IP，用 NFS v3/v4 协议进行访问。网络接入存储（Network Attached Storage，NAS）是一种文件存储。它通过网络提供文件共享服务，且采用上层网络协议，因此一般用于多个云服务器共享数据，如服务器日志集中管理、办公文件共享等。但由于 NAS 的协议开销高、带宽低、延迟大，不利于在高性能集群中应用。

DAS、NAS、SAN 三种存储技术的比较如表 4-3 所示。

表 4-3　DAS、NAS、SAN 三种存储技术的比较

比较项	存储技术		
	DAS	NAS	SAN
安装难易度	一般	简单	复杂
传输对象	数据块	文件	数据块
集中式管理	都可以	是	需要使用工具
管理难易度	不一定	容易	难
提高服务器效率	否	是	是
灾难忍受度	低	高	高
适合对象	中小型	中小型	大型
容量扩充能力	低	中	高
格式复杂度	低	中	高

3. 对象存储

对象存储是一种新的网络存储架构。存储标准化组织早在 2004 年就给出了对象存储的定义，但

早期多出现在超大规模系统中，所以并不为大众熟知，相关产品一直也不温不火。一直到云计算和大数据的概念普及，对象存储才慢慢进入公众视野。对象存储的优势在互联网或公网环境中，尤其是在解决海量数据存储和海量并发访问方面。总体上讲，对象存储同时兼具 SAN 的高级直接访问磁盘特点及 NAS 的分布式共享特点。它的核心是将数据通路（数据读或写）和控制通路（元数据）分离，并且基于对象存储设备构建存储系统，每个对象存储设备具备一定的职能，能够自动管理其上的数据分布。对象存储结构由对象（Object）、对象存储设备（Object Storage Device，OSD）、元数据服务器（MetaData Server，MDS）、对象存储系统的客户端（Client）四部分组成。

1）对象。在对象存储模式中，对象是系统中数据存储的基本单位，一个对象实际上就是文件的数据和一组属性信息。在存储设备中，所有对象都有一个对象标识，允许一个服务器或最终用户来检索对象，而不必知道数据的物理地址。而传统的存储系统中用文件或块作为基本的存储单位。对象和文件最大的不同就是在文件基础之上增加了元数据。一般情况下，对象分为三个部分：数据、元数据以及对象 ID。

2）对象存储设备。OSD 具有一定的智能，它有自己的 CPU、内存、网络和磁盘系统。OSD 同块设备的不同不在于存储介质，而在于两者提供的访问接口。OSD 的主要功能包括数据存储和安全访问。目前国际上通常采用刀片式结构实现对象存储设备。OSD 主要有以下三个功能。

- 数据存储。OSD 管理对象数据，并将它们放置在标准的磁盘系统上，OSD 不提供接口访问方式，客户端请求数据时用对象 ID、偏移进行数据读写。
- 智能分布。OSD 用其自身的 CPU 和内存优化数据分布，并支持数据的预取。OSD 可以智能地支持对象的预取，因而可以优化磁盘的性能。
- 每个对象数据的管理。OSD 管理存储在其他对象上的元数据，该元数据与传统的 inode 元数据相似，通常包括对象的数据块和对象的长度。而在传统的 NAS 系统中，这些元数据是由文件服务器提供的，对象存储架构将系统中主要的元数据管理工作交由 OSD 来完成，降低了客户端的开销。

3）元数据服务器。MDS 控制客户端与 OSD 对象的交互，为客户端提供元数据，主要是文件的逻辑视图，包括文件与目录的组织关系、每个文件所对应的 OSD 等。

4）对象存储系统的客户端。为了有效支持客户端访问 OSD 上的对象，需要在计算节点实现对象存储系统的客户端，通常提供 POSIX 文件系统接口，允许应用程序像执行标准的文件系统操作一样。

传统块存储与对象存储的示意图如图 4-2 和图 4-3 所示。

图 4-2　块存储

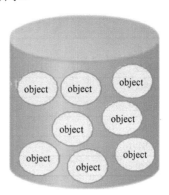

图 4-3　对象存储

块存储、文件存储和对象存储的差异如表 4-4 所示。

表 4-4　三种存储类型的比较

比较项	块存储	文件存储	对象存储
速度	低延迟	不同技术各有不同	100ms～1s
可分布性	异地分布不现实	可分布式存储，但有瓶颈	分布并发能力高
文件大小	大小都可以	适合大文件	适合各种文件
典型设备	磁盘阵列，硬盘，虚拟硬盘	FTP 服务器，NFS 服务器，Samba	内置大容量硬盘的分布式服务器
典型技术	SAN	HDFS，GFS	RESTful API
适用场所	银行	数据中心	网络媒体数据存储

4.2　大数据存储的方式

大数据存储的方式主要有分布式存储、NoSQL 数据库存储、NewSQL 数据库存储及云数据库存储四种。

4.2.1　分布式存储

分布式系统包含多个自主的处理单元，通过计算机网络互联来协作完成分配的任务，其分而治之的策略能够更好地处理大规模数据分析问题。主要包含分布式文件系统和分布式键值系统两类。

（1）分布式文件系统

大数据的存储管理需要多种技术的协同工作，其中文件系统为其提供最底层存储能力的支持。分布式文件系统是一个高度容错性系统，被设计成适用于批量处理，能够提供高吞吐量的数据访问。

在实际应用中，分布式文件系统可通过多个节点并行执行数据库任务，提高整个数据库系统的性能和可用性。但是其主要的缺点是缺乏较好的弹性，并且容错性较差。

图 4-4 所示为分布式文件系统架构。

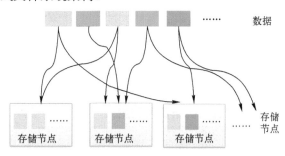

图 4-4　分布式文件系统架构

（2）分布式键值系统

分布式键值系统用于存储关系简单的半结构化数据。典型的分布式键值系统有亚马逊的 Dynamo，以及获得广泛应用和关注的对象存储技术，其存储和管理的是对象而不是数据块。

Dynamo 以很简单的键值方式存储数据，不支持复杂的查询。Dynamo 中存储的是数据值的原始形式，不解析数据的具体内容，因此它主要用于亚马逊的购物车及 S3 云存储服务。

淘宝也自主开发了一个分布式键值存储引擎 Tair。Tair 分为持久化和非持久化两种使用方式。非持久化的 Tair 可以看成一个分布式缓存，持久化的 Tair 将数据存放于磁盘中。为了防止磁盘损坏导致数据丢失，Tair 可以配置数据的备份数目，Tair 会自动将一份数据的不同备份放到不同的节点上，当有节点发生异常无法正常提供服务时，其余的节点会继续提供服务。

4.2.2　NoSQL 数据库存储

1. NoSQL 数据库概述

传统的关系数据库采用关系模型作为数据的组织方式，但是随着对数据存储要求的不断提高，在大数据存储中，之前常用的关系数据库已经无法满足 Web 2.0 的需求。其主要表现为：无法满足海量数据的管理需求、无法满足数据高并发的需求、高可扩展性和高可用性的功能太低。在这种情况下，NoSQL 数据库应运而生。NoSQL 数据库又叫作非关系数据库，它是英文 Not only SQL 的缩写，即"不仅仅是 SQL"。NoSQL 一词最早出现于 1998 年，是 Carlo Strozzi 开发的一个轻量、开源、不提供 SQL 功能的关系数据库。

和关系数据库管理系统相比，NoSQL 不使用 SQL 作为查询语言，其存储也不需要固定的表模式，用户操作 NoSQL 时通常会避免使用关系数据库管理系统的 JION 操作。NoSQL 数据库一般都具备水平可扩展的特性，并且支持超大规模数据存储，灵活的数据模型也很好地支持 Web 2.0 应用，此外还具有强大的横向扩展能力。典型的 NoSQL 数据库分为以下几种：键值数据库、列式数据库、文档型数据库和图形数据库。每种数据库都能够解决传统关系数据库无法解决的问题。

但是值得注意的是，NoSQL 数据库也存在以下缺点：缺乏较为扎实的数学理论基础，在复杂查询数据时性能不高；大都不能实现事务强一致性，很难实现数据完整性；技术尚不成熟，缺乏专业团队的技术支持，维护较困难等。关系数据库和 NoSQL 数据库的比较如表 4-5 所示。

表 4-5　关系数据库和 NoSQL 数据库的比较

比较项	关系数据库	NoSQL 数据库
特点	存储基于关系模型；结构化存储；完整性约束	存储基于多维关系模型；非结构化存储；具有特定的使用场景
优点	保持数据的一致性；可以实现复杂查询；技术成熟	高并发，大数据下读写能力强；支持分布式存储
缺点	高并发下读写性能不足；扩展困难，无法适应非结构化存储	复杂查询能力较弱；事务支持较弱；通用性较差

目前 NoSQL 数据库在以下几种情况下比较适用。

1）数据模型比较简单。

2）需要灵活性更强的 IT 系统。

3）对数据库性能要求较高。

4）不需要高度的数据一致性。

5）对于给定键值（Key），比较容易映射复杂值的环境。

2. NoSQL 数据库的理论基础

传统的关系数据库在功能支持上通常很宽泛,从简单的键值查询,到复杂的多表联合查询,再到事务机制的支持。而与之不同的是,NoSQL 系统通常注重性能和扩展性,而非事务机制(事务就是强一致性的体现)。因此,NoSQL 数据库的三大理论基础分别是 CAP 原则、BASE 和最终一致性。

(1)CAP 原则

CAP 原则又称 CAP 定理,指的是在一个分布式系统中,Consistency(一致性)、Availability(可用性)、Partition tolerance(分区容错性)三者不可兼得。

1)一致性指在分布式系统中的所有数据备份,在同一时刻是否是同样的值。

2)可用性指在集群中一部分节点故障后,集群整体是否还能响应客户端的读写请求。

3)分区容错性。以实际效果而言,分区相当于对通信的时限要求。系统如果不能在时限内达成数据一致性,就意味着发生了分区的情况,必须就当前操作在一致性和可用性之间做出选择。

(2)BASE

BASE 是 Basically Available(基本可用)、Soft state(软状态)和 Eventually consistent(最终一致性)三个短语的缩写。BASE 是对 CAP 原则中一致性和可用性权衡的结果,其来源于对大规模互联网系统分布式实践的结论,是基于 CAP 原则逐步演化而来的。其核心思想是,即使无法做到强一致性,但每个应用都可以根据自身的业务特点,采用适当的方式来使系统达到最终一致性。

1)基本可用指分布式系统在出现不可预知故障的时候,允许损失部分可用性。

2)软状态也称弱状态,和硬状态相对,是指允许系统中的数据存在中间状态,并认为该中间状态的存在不会影响系统的整体可用性,即允许系统在不同节点的数据副本之间进行数据同步的过程存在延时。

3)最终一致性强调的是系统中所有的数据副本,在经过一段时间的同步后,最终能够达到一个一致的状态。因此,最终一致性的本质是需要系统保证最终数据能够达到一致,而不需要实时保证系统数据的强一致性。

(3)最终一致性

讨论最终一致性的时候,需要从客户端和服务器两个角度来考虑。服务器一致性是指更新如何复制分布到整个系统,以保证数据的最终一致。而客户端一致性是指在高并发的数据访问操作下,后续操作是否可以获取最新的数据。

3. NoSQL 数据库的分类

NoSQL 数据库主要分为列式数据库、键值数据库、文档型数据库和图形数据库四大类。

(1)列式数据库

列式存储是相对于传统关系数据库的行式存储来说的。简单来说,两者的区别就是如何组织表。一般来讲,将表放入存储系统中有两种方法,行存储法和列存储法。行存储法是将各行放入连续的物理位置,它擅长随机读操作,不适合用于大数据,常用于联机事务型数据处理。而列存储法是将数据按照列存储到数据库中,它是面向大数据环境下数据仓库的数据分析而产生,常用于解决某些特定场景下关系数据库读写频率较高的问题。

因此,应用行式存储的数据库系统称为行式数据库,同理,应用列式存储的数据库系统称为列式数据库。此外，随着列式数据库的发展，传统的行式数据库加入了支持列式存储的行列，形成具有两种存储方式的数据库系统。

在实际应用中，传统的关系数据库，如 Oracle、DB2、MySQL、SQL Server 等采用行式存储，而新兴的 HBase、HP Vertica、EMC Greenplum 等分布式数据库采用列式存储。其中 HBase 是一个开源的非关系分布式数据库（NoSQL），它参考了谷歌的 BigTable 建模，实现的编程语言为 Java。它是 Apache 软件基金会的 Hadoop 项目的一部分，运行于 Hadoop 分布式文件系统之上，为 Hadoop 提供类似于 BigTable 规模的服务。因此，它可以容错地存储海量稀疏的数据。

列式数据库的优点主要有：极高的装载速度；适合大量的数据而不是小数据；高效的压缩率；适合做聚合操作。

列式数据库的缺点主要有：不适合扫描小量数据；不适合随机地更新；不适合做含有删除和更新的实时操作。

（2）键值数据库

键值存储即 Key-Value 存储（简称 KV 存储），它是 NoSQL 存储的一种方式。它的数据按照键值对的形式进行组织、索引和存储。键值存储非常适合不涉及过多数据关系的业务数据，同时能有效减少读写磁盘的次数，比 SQL 数据库存储拥有更好的读写性能。

键值数据库是一种非关系数据库，它使用简单的键值方法来存储数据。键值数据库将数据存储为键值对集合，其中键作为唯一标识符。键和值都可以是从简单对象到复杂复合对象的任何内容。键值数据库是高度可分区的，并且允许以其他类型的数据库无法实现的规模进行水平扩展。

在实际应用中，键值数据库适用于那些频繁读写、拥有简单数据模型的应用。键值数据库中存储的值可以是简单的标量值，如整数或布尔值，也可以是结构化数据类型，如列表和 JSON 结构。例如，在电子商务网站中存储购物车数据的就是键值数据库；在移动应用中存储用户配置信息数据的也大多是键值数据库。

键值数据库的特点主要有使用简洁、读写高效及易于缩放等。

1）使用简洁。在使用键值数据库时用到的只是增加和删除操作，不需要设计复杂的数据模型和纲要，也不需要为每个属性指定数据类型。

2）读写高效。键值数据库把数据保存在内存中，因此对于海量数据的读取和写入速度较快。

3）易于缩放。键值数据库可根据系统负载量随时添加或删除服务器，并可使用主从式复制和无主式复制来实现缩放。

（3）文档型数据库

文档型数据库是键值数据库的子类，它们的差别在于处理数据的方式。在键值数据库中，数据对数据库是不透明的；而面向文档的数据库系统依赖于文件的内部结构，它获取元数据以用于数据库引擎进行更深层次的优化。因此，文档型数据库的设计标准更加灵活。如果一个应用程序需要存储不同的属性以及大量的数据，那么文档型数据库将会是一个很好的选择。例如，要在关系数据库中表示产品，建模者可以使用通用的属性和额外的表来为每个产品子类型存储属性。文档型数据库却可以更为简单地处理这种情况。

与键值存储不同的是，文档存储关心文档的内部结构。这使得存储引擎可以直接支持二级索引，从而允许对任意字段进行高效查询。支持文档嵌套存储的能力，使得查询语言具有搜索嵌套对象的能力，XQuery 就是一个例子。

此外，文档型数据库也不同于关系数据库。关系数据库是高度结构化的，而文档型数据库允许创建许多不同类型的非结构化的或任意格式的字段。与关系数据库的主要不同在于，文档型数据库不提供对参数完整性和分布事务的支持。但它和关系数据库也不是相互排斥的，它们之间可以相互交换数据，从而相互补充、扩展。

文档型数据库的优点主要有：数据结构要求不严格；表结构可变；并且不像关系数据库一样需要预先定义表结构。

文档型数据库的缺点主要有：查询性能不高；缺乏统一的查询语法。

（4）图形数据库

传统的关系数据库在存储关系型数据时效果并不好，其查询复杂、缓慢、超出预期，而图形数据库的独特设计恰恰弥补了这个缺陷。图形数据库是一种非关系数据库，它应用图形理论存储实体之间的关系信息。不过值得注意的是，图形数据库的基本含义是以"图"这种数据结构存储和查询数据，而不是存储图片。

在图形数据库中，只有两种基本的数据类型，即节点（Node）和关系（Relationship）。节点也称顶点，可以拥有属性。关系也可以拥有属性，并且属性都是以键值对的方式存储的。节点与节点的联系则通过关系进行建立，并且建立的关系是有方向的。图 4-5 所示为图形数据库的关系。

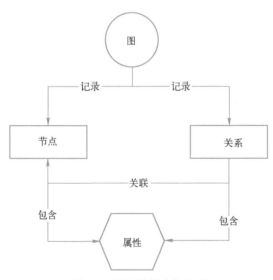

图 4-5　图形数据库的关系

此外，在图形数据库中还存在着节点集的概念。所谓节点集就是图中一系列节点的集合，比较接近于关系数据库中最常使用的表。

图形数据库可用于对事物建模，如社交图谱，使用图形数据库可以显示出某个人在其朋友圈中是否有影响力，以及这群朋友是否有着共同的兴趣爱好等。因此，相较于关系数据库，图形数据库的用户在对事物进行抽象时将拥有一个额外的武器，那就是丰富的关系。图 4-6 所示为图形数据库的应用。

图形数据库的优点主要有：设计灵活，数据结构的自然伸展特性及其非结构化的数据格式使图形数据库的设计具有很大的伸缩性和灵活性；查询性能好，图的遍历是图数据结构所具有的独特算法，即从一个节点开始，根据其连接的关系，可以快速和方便地找出它的邻近节点。

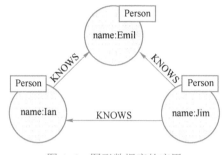

图 4-6　图形数据库的应用

图形数据库的缺点主要有：有支持节点、关系和属性的数量的限制。

4.2.3　NewSQL 数据库存储

1. NewSQL 数据库概述

NewSQL 数据库是对各种新的可扩展、高性能数据库的简称。它是一种相对较新的形式，旨在使用现有的编程语言和以前不可用的技术来结合 SQL 和 NoSQL 中最好的部分。这类数据库不仅具有 NoSQL 对海量数据的存储管理能力，还保持了传统数据库支持 ACID 和 SQL 等特性。因此，NewSQL 数据库也被定义为下一代数据库的发展方向。作为一种相对较新的形式，NewSQL 的目标是将 SQL 的 ACID 保证与 NoSQL 的可扩展性和高性能相结合。

NewSQL 数据库改变了数据的定义范围。它不再是原始的数据类型，如整型、浮点型，它的数据可能是整个文件。此外，NewSQL 数据库是非关系的、水平可扩展、分布式，并且是开源的。目前常见的 NewSQL 主要有以下两大特点。

● 拥有关系数据库的产品和服务，并将关系模型的好处带到分布式架构上。
● 提高关系数据库的性能，使之达到不用考虑水平扩展问题的程度。

2. NewSQL 数据库技术与实现

在技术上，相较于传统关系数据库，NewSQL 更强调数据一致性，以更好地适应分布式数据库的应用。它还取消了耗费资源的缓冲池，直接在内存中运行整个数据库，缩短访问数据库的时间。此外，它还摒弃了单线程服务的锁机制，通过使用冗余机器来实现复制和故障恢复，以取代原有的代价高昂的恢复操作。

值得注意的是，NewSQL 中并没有开拓性的理论技术的创新，更多的是架构的创新，以及如何把现有的技术更好地适用于当今的服务器和分布式架构，从而使得这些技术能够有机地结合起来，形成高效率的整体，满足 NewSQL 高可用、可扩展以及强一致性等需求。因此，NewSQL 既能够提供 SQL 数据库的质量保证，也能提供 NoSQL 数据库的可扩展性。

现有的 NewSQL 数据库厂商主要有亚马逊关系数据库服务，微软 SQL Azure、Xeround 和 FathomDB 等。

3. NewSQL 数据库的应用

（1）VoltDB

VoltDB 是一种比较典型的内存数据库，它的架构是基于 Michael Stonebraker 等提出的

H-Store，是一种设计用于 OLTP 工作负载的内存数据库。

VoltDB 关注快速数据，目的是服务于那些必须对大流量数据做快速处理的特定应用，如贸易应用、在线游戏、物联网传感器等应用场景。

（2）Cosmos DB

Cosmos DB 是一种分布于全球的多模型数据库服务。作为多模型服务，它的底层存储模型支持键值数据库、列式数据库、文档型数据库和图形数据库，并支持通过 SQL 和 NoSQL API 提供数据。此外，Cosmos DB 在设计上考虑了降低数据库管理的代价。它无须开发人员操心索引或模式管理，自动维护索引以确保性能。

Cosmos DB 提供多个一致性层级，支持开发人员在确定所需的适用服务等级协议（Service Level Agreement，SLA）上做出权衡。除了两种极端的强一致性情况和最终一致性之外，Cosmos DB 还提供了另外五个良好定义的一致性层级。每个一致性层级提供单独的 SLA，确保达到特定的可用和性能层级。

4.2.4　云数据库存储

1. 云数据库概述

云数据库是指被优化或部署到一个虚拟计算环境中的数据库，是在云计算的大背景下发展起来的一种新兴的共享基础架构的方法，它极大地增强了数据库的存储能力，消除了人员、硬件、软件的重复配置，让软、硬件升级变得更加容易。因此，云数据库具有高可扩展性、高可用性、采用多租形式和支持资源有效分发等特点，可以实现按需付费和按需扩展。

从数据模型的角度来说，云数据库并非一种全新的数据库技术，如云数据库并没有专属于自己的数据模型，它所采用的数据模型可以是关系数据库所使用的关系模型，也可以是 NoSQL 数据库所使用的非关系模型。并且，针对不同的企业，云数据库可以提供不同的服务，如云数据库既可以满足大企业的海量数据存储需求，也可以满足中小企业的低成本数据存储需求，还可以满足企业动态变化的数据存储需求。图 4-7 所示为云数据库的应用。

从图 4-7 中可以看出，云数据库提供的服务较多，其中云数据库 Memcache 是基于内存的缓存服务，支持海量小数据的高速访问。它可以极大缓解后端存储的压力，提高网站或应用的响应速度。

云数据库关系数据库服务（Relational Database Service，RDS），是一种即开即用、稳定可靠、可弹性伸缩的在线数据库服务。

而云数据库 Redis 则是兼容 Redis 协议标准的、提供持久化的内存数据库服务。该服务基于高可靠双机热备架构及可无缝扩展的集群架构，能够满足高读写性能场景及容量弹性变配的业务需求。

2. 云数据库产品与服务

目前市场上提供云数据库服务的企业主要有亚马逊、谷歌、微软、Oracle、阿里、百度、腾讯及金山等，产品与服务主要有 DynamoDB、Google Cloud SQL、Microsoft SQL Azure、阿里云 RDS、Amazon DynamoDB、百度云数据库及腾讯云数据库等。

（1）Google Cloud SQL

Google Cloud SQL 是谷歌公司推出的基于 MySQL 的云数据库。用户一旦使用 Cloud

SQL，所有的事务都在云中，并由谷歌管理，用户不需要配置或排查错误。此外，谷歌还提供导入或导出服务，方便用户将数据库带进或带出云。

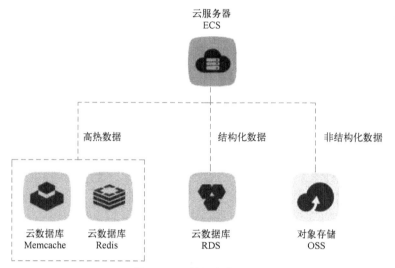

图4-7 云数据库的应用

（2）Microsoft SQL Azure

Microsoft SQL Azure 是微软公司推出的云数据库，该产品属于关系数据库，构建在 SQL Server 之上。它通过分布式技术提升传统关系数据库的可扩展性和容错能力，并支持使用增强型 SQL（Transact-SQL，T-SQL）来管理、创建和操作云数据库。它的数据类型、存储过程和传统的 SQL Server 具有很大的相似性。因此，应用可以在本地进行开发，然后部署到云平台上。此外，Microsoft SQL Azure 还支持大量数据类型，包含了几乎所有典型的 SQL Server 2008 的数据类型。

（3）阿里云 RDS

阿里云 RDS 是一种稳定可靠、可弹性伸缩的在线数据库服务。该服务基于阿里云分布式文件系统和 SSD 高性能存储，支持 MySQL、SQL Server、PostgreSQL、高度兼容 Oracle 数据库（Postgre Plus Advanced Server，PPAS）和 MariaDB TX 引擎，并且提供了容灾、备份、恢复、监控、迁移等全套解决方案，能够彻底解决数据库运维的烦恼。图 4-8 所示为阿里云上的云数据库服务。图 4-9 所示为阿里云关系数据库服务的配置与购买。

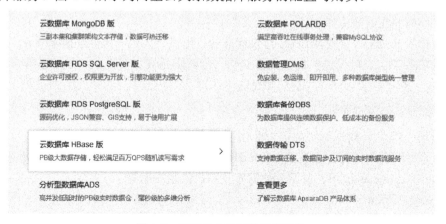

图4-8 阿里云上的云数据库服务

关系型数据库配置　　　　　　　　　　　　　　　　　　　　　　　　推荐搭配

数据库类型：MySQL

版本：　5.5　　　　5.1

数据盘：　　　250GB　　　　500GB　　　　　　　1000GB　　10　　GB

内存：　240M　　　　　　　　最大连接数:60 IOPS:150

地域：　青岛节点　　查看我的产品地域

建议选择最靠近您客户的节点，可减少延迟时间和提高下载速度；不同地域之间的产品内网不互通，查看地域选择帮助

购买时长：1个月　　2　3　4　5　6　7　8　9　　1年　　2年　　3年

购买数量：－　1　＋　台

费用：¥56.00
公网流量费用按实际用量1元/G另计

立即购买　　　加入产品清单

图 4-9　阿里云关系数据库服务的配置与购买

（4）Amazon DynamoDB

Amazon DynamoDB 是亚马逊公司的 NoSQL 数据库产品，它是一种完全托管的 NoSQL 数据库服务，提供快速而可预测的性能，能够实现无缝扩展。DynamoDB 可以从表中自动删除过期的项，从而帮助用户降低存储量，减少用于存储不相关数据的成本。

4.3　大数据中的数据库应用

4.3.1　MySQL

大数据中的数据库应用

1. MySQL 概述

MySQL 是一个小型的关系数据库管理系统，由于该软件具有体积小、运行速度快、操作方便等优点，目前被广泛地应用于 Web 上的中小企业网站的后台数据库中。

MySQL 数据库的优点如下。

1）体积小、速度快、成本低。

2）使用的核心线程是完全多线程的，可以支持多处理器。

3）提供了多种语言支持。MySQL 为 C、C++、Python、Java、Perl、PHP、Ruby 等多种编程语言提供了 API，访问和使用方便。

4）MySQL 支持多种操作系统，可以运行在不同的平台上。

5）支持大量数据查询和存储，可以承受大量的并发访问。

6）免费开源。

但是 MySQL 也存在以下一些缺点。

1）MySQL 不支持事务，另外只有到调用 MySQLAdmin 重读用户权限时才发生改变。

2）MySQL 不支持热备份。

2. MySQL 的应用

在使用 MySQL 存储企业的海量数据时，可以用分布式数据库的技术，即将原来集中式数据库中的数据分散存储到多个通过网络连接的数据存储节点上，以获得更大的存储容量和更高的并发访问量。图 4-10 所示为 MySQL 的分布式存储。图 4-11 所示为 MySQL 存储的主从结构。

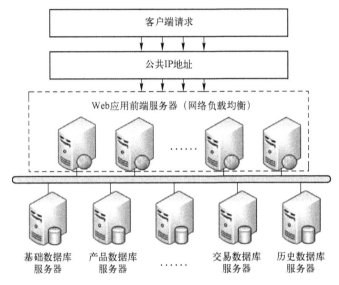

图 4-10　MySQL 的分布式存储

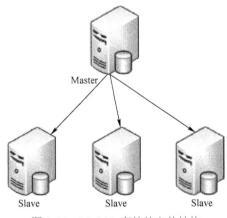

图 4-11　MySQL 存储的主从结构

从图 4-11 中可以看出，MySQL 在存储中使用分布式主从结构，通过主（Master）和从（Slave）实现读写分析，数据采用主从复制的原理。主从复制是指数据可以从一个 MySQL 数据库服务器主节点复制到一个或多个从节点。MySQL 默认采用异步复制方式，这样从节点不用一直访问主服务器来更新自己的数据，数据的更新可以在远程连接上进行，从节点可以复制主数据库中的所有数据库、特定的数据库，或特定的表。

采用这种主从复制读写方式，每个从节点只负责提供数据与存储数据，因而极大地增加了后台的稳定性，可适应高并发的情景。

4.3.2　Hive

1．Hive 概述

Hive 是基于 Hadoop 的一个数据仓库工具，可以将结构化的数据文件映射为一张数据库表，并提供简单的 SQL 查询功能，可以将 SQL 语句转换为 MapReduce 任务进行运行。

Hive 是建立在 Hadoop 上的数据仓库基础构架。它提供了一系列的工具，可以用来进行数据抽取、转换和加载，这是一种可以存储、查询和分析存储在 Hadoop 中的大规模数据的机制。Hive 定义了简单的类 SQL 查询语言（称为 HQL），它允许熟悉 SQL 的用户查询数据。同时，这个语言也允许熟悉 MapReduce 的开发者开发自定义的 mapper 和 reducer 来处理内建的 mapper 和 reducer 无法完成的复杂的分析工作。

Hive 的优点如下。

1）Hive 可以自由地扩展集群的规模，一般情况下不需要重启服务。

2）Hive 支持用户自定义函数，用户可以根据自己的需求来实现自己的函数。

3）Hive 具有良好的容错性，节点出现问题时 SQL 仍可完成执行。

2．Hive 的架构

Hive 的架构如图 4-12 所示。

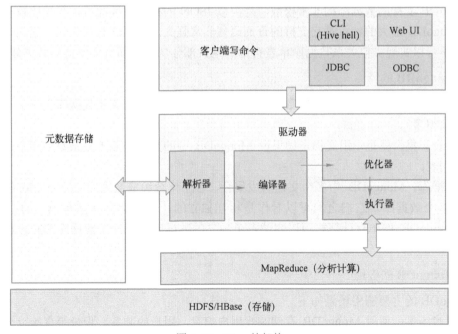

图 4-12　Hive 的架构

Hive 的主要组成部分如下。

1）Meta Store 是元数据存储。元数据包括表名、表所属的数据库、表的拥有者、列/分区字段、表的类型、表数据所在目录等。其默认存储在自带的 Derby 数据库中，由于开启多个 Hive 时会报告异常，因此推荐使用 MySQL 存储元数据。

2）Client 是客户端，主要包括命令行接口（Command Line Interface，CLI）、JDBC/ODBC（JDBC 访问 Hive）和 Web UI（浏览器访问 Hive）。

3）Drive 是驱动器，包含解析器（SQL Parser）、编译器（Physical Plan）、优化器（Query Optimizer）和执行器（Execution）。

Hive 通过给用户提供的一系列交互接口，接收用户的指令（SQL 语句），使用自己的驱动器，将 SQL 语句解析成对应的 MapReduce 程序，并生成相应的 JAR 包，结合元数据提供的对应文件的路径，提交到 Hadoop 中执行，最后将执行结果输出到用户交互接口。

由于 Hive 的优势在于处理大数据，对于处理小数据没有优势，因此 Hive 的执行延迟比较高，常用于对实时性要求不高的场合，或用于数据的离线处理，如日志分析等。

4.3.3 MongoDB

1．MongoDB 概述

MongoDB 是一个跨平台、面向文档的数据库。它可以应用于各种规模的企业、各个行业以及各类应用程序的开源数据库。它是一个基于分布式文件存储的数据库，也是一个介于关系数据库和非关系数据库之间的产品，是非关系数据库中功能最丰富、最像关系数据库的。

MongoDB 是专为可扩展性、高性能和高可用性而设计的数据库。它可以从单服务器部署扩展到大型、复杂的多数据中心架构。利用内存计算的优势，MongoDB 能够提供高性能的数据读写操作。

MongoDB 支持的数据结构非常松散，是类似 JSON 的格式，因此可以存储比较复杂的数据类型。MongoDB 最大的特点是它支持的查询语言非常强大，其语法有点类似于面向对象的查询语言，几乎可以实现类似关系数据库单表查询的绝大部分功能，而且还支持对数据建立索引。

2．MongoDB 的特点

1）文档。文档是 MongoDB 中数据的基本单元，非常类似于关系数据库系统中的行（但是比行要复杂得多）。

2）集合。集合就是一组文档，如果说 MongoDB 中的文档类似于关系数据库中的行，那么集合就如同表。

3）数据库。MongoDB 中多个文档组成集合，多个集合组成数据库。一个 MongoDB 实例可以承载多个数据库。它们之间可以看作是相互独立的，每个数据库都有独立的权限控制。

4）MongoDB 的单台计算机可以容纳多个独立的数据库，每一个数据库都有自己的集合和权限。

3．MongoDB 的应用

MongoDB 的主要应用场景如下。

1）游戏场景：使用 MongoDB 存储游戏用户信息，用户的装备、积分等直接以内嵌文档的形式存储，方便查询、更新。

2）社交场景：使用 MongoDB 存储用户信息，以及用户发表的朋友圈信息，通过地理位置索引实现附近的人、地点等功能。

3）物流场景：使用 MongoDB 存储订单信息，订单状态在运送过程中会不断更新，以 MongoDB 内嵌数组的形式来存储，一次查询就能将订单所有的变更读取出来。

4）物联网场景：使用 MongoDB 存储所有接入的智能设备信息，以及设备汇报的日志信息，并对这些信息进行多维度的分析。

图 4-13 所示为 MongoDB 在 Windows 操作系统环境下的启动和运行界面。

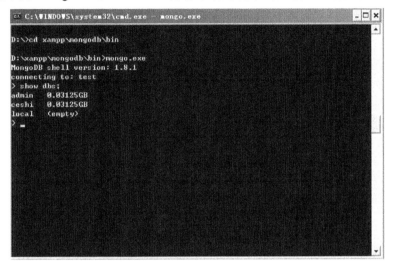

图 4-13　MongoDB 的启动和运行界面

4.3.4　LevelDB

1．LevelDB 概述

LevelDB 是一个可持久化的键值数据库引擎，由谷歌公司的传奇工程师 Jeff Dean 和 Sanjay Ghemawat 开发并开源。它是一种非关系数据库，具有很高的随机写和顺序读/写性能。此开源项目目前是支持处理十亿级别规模的键值数据持久性存储的 C++程序库，在优秀的表现下对于内存的占用也非常小，它的大量数据都直接存储在磁盘上。

在数据存储中，LevelDB 的性能非常突出，官方网站报道其随机写的性能达到每秒 40 万条记录，而随机读的性能达到每秒 6 万条记录。总体来说，LevelDB 的写操作要大大快于读操作，而顺序读/写操作则大大快于随机读/写操作。

2．LevelDB 架构

LevelDB 本质上是一套存储系统以及在这套存储系统上提供的一些操作接口。为了便于理解整个系统及其处理流程，可以从静态和动态两个角度来分析 LevelDB。从静态角度来看，可以假想整个系统正在运行过程中不断插入、删除、读取数据；从动态的角度来看，主要是了解系统是如何写入、读出、删除一条记录的，同时也包括除了这些接口操作外的内部操作（如 compaction），以及系统运行时崩溃后如何恢复系统等方面。

LevelDB 作为存储系统，数据记录的存储介质包括内存和磁盘。当 LevelDB 运行了一段时间后，LevelDB 的静态结构如图 4-14 所示。

从图 4-14 中可以看出，LevelDB 的静态结构主要包括 6 个部分：内存中的 MemTable 和 Immutable MemTable，以及磁盘上的 Current 文件、Manifest 文件、.log 文件和 SSTable 文件。

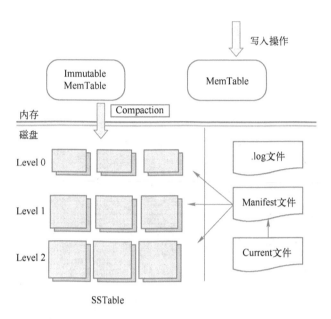

图 4-14　LevelDB 的静态结构

3．LevelDB 的特点

1）LevelDB 是一个持久化存储的键值系统，和 Redis 这种内存型的键值系统不同，LevelDB 不会像 Redis 一样"吃"内存，而是将大部分数据存储到磁盘上。

2）LevelDB 在存储数据时，是根据记录的 Key 值有序存储的，而应用可以自定义 Key 大小比较函数，LevelDB 会按照用户定义的比较函数依序存储这些记录。

3）像大多数键值系统一样，LevelDB 的操作接口很简单，基本操作包括写记录、读记录及删除记录，也支持针对多条操作的原子批量操作。此外，LevelDB 支持数据快照（snapshot）功能，使得读操作不受写操作影响，可以在读操作过程中始终看到一致的数据。

4.3.5　Neo4j

1．Neo4j 概述

Neo4j 是一个高性能的、基于 NoSQL 的图形数据库，它将结构化数据存储在网络上而不是表中。同时，它也是一个嵌入式的、基于磁盘的、具备完全事务特性的 Java 持久化引擎，因此 Neo4j 也可以被看成一个高性能的图引擎，该引擎具有成熟数据库的所有特性。

Neo4j 使用图（Graph）相关的概念来描述模型，把数据保存为图中的节点以及节点之间的关系，因此各种数据之间的相互关系，可以很直接地使用图中节点和关系的概念来建模。

图 4-15 所示为 Neo4j 的启动界面。图 4-16 所示为 Neo4j 的图形结构。

2．Neo4j 的特点

Neo4j 提供了大规模的可扩展性，在一台机器上可以处理有数十亿节点、关系、属性的图，可以扩展到多台机器上并行运行。相对于关系数据库来说，图形数据库善于处理大量复杂、互连、低结构化的数据，这些数据变化迅速，需要频繁地查询——在关系数据库中，这些查询会产生大量的表连接，从而会导致性能上的问题。

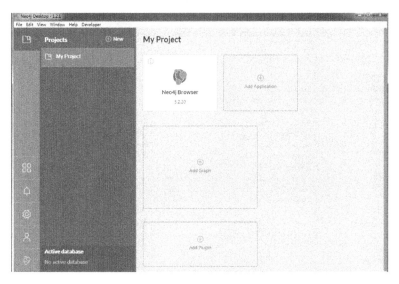

图 4-15　Neo4j 的启动界面

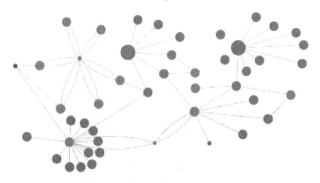

图 4-16　Neo4j 的图形结构

　　Neo4j 重点解决了拥有大量连接的传统关系数据库管理系统在查询时出现的性能衰退问题。通过围绕图进行数据建模，Neo4j 会以相同的速度遍历节点与边，其遍历速度与构成图的数据量没有任何关系。此外，Neo4j 还提供了非常快的图算法、推荐系统和联机分析处理风格的分析，而这一切在目前的关系数据库管理系统中都是无法实现的。

4.4　实训　Redis 的安装与应用

1. 实训目的

　　通过实训了解大数据存储的特点，能进行与大数据存储相关的简单操作。

实训 Redis 的安装与应用

2. 实训内容

下载安装并运行 Redis 数据库

　　1）进入 Github 下载地址 https://github.com/MicrosoftArchive/redis/releases，下载 Redis，并解压到本地计算机中，路径为 D:\Redis-x64-3.2.100 (1)，如图 4-17 所示。

图 4-17 下载并解压 Redis

2）打开 cmd 命令窗口，进入到解压的 Redis 文件路径，并输入命令 redis-server redis. windows.conf，如图 4-18 所示。

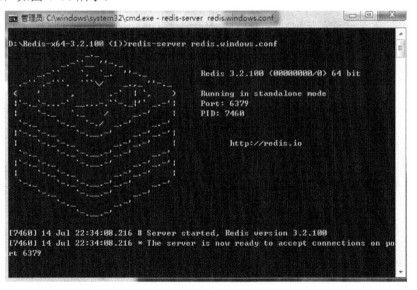

图 4-18 开启 Redis 界面

3）部署 Redis 为 Windows 下的服务。首先关闭上一个 cmd 命令窗口，再重新打开一个新的 cmd 命令窗口，然后输入命令 redis-server --service-install redis.windows.conf，如图 4-19 所示。

4）右击"我的电脑"，进入计算机管理界面中，并选中"服务和应用程序"，如图 4-20 所示。

5）在弹出的对话框中双击"服务"图标，启动 Redis 服务，如图 4-21 所示。

图 4-19　安装 Redis 界面

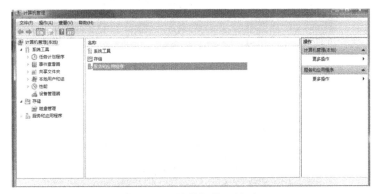

图 4-20　计算机管理界面

图 4-21　启动 Redis 服务

6）测试 Redis 服务的运行。打开 cmd 指令窗口，进入解压的 Redis 文件路径，输入命令：redis-cli，其中 redis-cli 是客户端程序。如图 4-22 显示正确端口号，则表示服务已经启动。

图 4-22　Redis 服务已经启动

7）运行 Redis，输入以下命令：

```
set a 123
get a
```

命令 set 表示设置键值对，命令 get 表示取出键值对，运行如图 4-23 所示。

图 4-23　运行 Redis

8）创建键值对 x，并用命令 del 删除，如图 4-24 所示。

```
127.0.0.1:6379> set x 999
OK
127.0.0.1:6379> get x
"999"
127.0.0.1:6379> del x
(integer) 1
127.0.0.1:6379> get x
(nil)
127.0.0.1:6379>
```

图 4-24　创建键值对 x 并用命令 del 删除

9）分别创建三个键值对，如图 4-25 所示。

```
127.0.0.1:6379> set a owen
OK
127.0.0.1:6379> set b messi
OK
127.0.0.1:6379> set c alex
OK
```

图 4-25　创建三个键值对

10）使用命令 flushdb 删除全部键值对，如图 4-26 所示。

```
127.0.0.1:6379> flushdb
OK
127.0.0.1:6379> get a
(nil)
127.0.0.1:6379> get b
(nil)
127.0.0.1:6379> get c
(nil)
127.0.0.1:6379>
```

图 4-26　使用命令 flushdb 删除全部键值对

11）创建键值对 a，使用命令 getrange a 0 2 获取 a 中值为 0～2 的字符串，如图 4-27 所示。

```
127.0.0.1:6379> set a 123456
OK
127.0.0.1:6379> get a
"123456"
127.0.0.1:6379> getrange a 0 2
"123"
127.0.0.1:6379>
```

图 4-27　使用命令 getrange a 0 2 获取 a 中值为 0～2 的字符串

12）创建键值对 b，并用命令 mget a b 同时获取多个值，如图 4-28 和图 4-29 所示。

```
127.0.0.1:6379> set b alen
OK
```

图 4-28　创建键值对 b

```
127.0.0.1:6379> mget a b
1) "123456"
2) "alen"
127.0.0.1:6379>
```

图 4-29　用命令 mget a b 同时获取多个值

13）返回键 a 存储的字符串的长度，如图 4-30 所示。

```
127.0.0.1:6379> strlen a
(integer) 6
127.0.0.1:6379>
```

图 4-30　返回键 a 存储的字符串的长度

14）用命令 exists 判断给定的键是否存在，分别用 0 和 1 显示，如图 4-31 所示。

```
127.0.0.1:6379> exists 'a'
(integer) 1
127.0.0.1:6379> exists 'c'
(integer) 0
127.0.0.1:6379>
```

图 4-31　用命令 exists 判断给定的键是否存在

本章小结

1）大数据存储通常是指将那些数量巨大，难以收集、处理、分析的数据集持久化到存储设备中。在进行大数据分析之前，首先就是要将海量的数据存储起来，以便以后使用。

2）大数据存储的方式主要有分布式存储、NoSQL 数据库存储、NewSQL 数据库存储及云数据库存储四种。

3）大数据中的数据库应用主要有 MySQL、Hive、MongoDB、LevelDB 和 Neo4j 等。

习题 4

简答题

1．请阐述大数据存储的定义。

2．文件存储和对象存储有什么区别？

3．什么是 NoSQL？其有什么特点？

4．什么是 NewSQL？其有什么特点？

5．什么是云数据库？

6．什么是图形数据库？

第5章　大数据分析与挖掘

本章学习目标

- 了解大数据分析的概念。
- 了解大数据分析的类型。
- 了解数据挖掘的类型。
- 了解数据挖掘算法。

5.1　大数据分析概述

5.1.1　大数据分析的概念

大数据分析是大数据价值链中的一个重要环节，其目标是提取海量数据中有价值的内容，找出内在的规律，从而帮助人们做出正确的决策。广义的数据分析可分为统计分析和大数据分析。统计分析一般针对样本数据，而大数据分析则针对全体数据。两者的差别主要表现为以下两点。

1）两者处理的数据类型不同。统计分析处理结构型数据，主要包括横截面数据、时间序列数据和面板数据，一般能以 Excel 表格的形式呈现，而且表格的行列都有清晰的经济学含义，有一致的统计口径。大数据分析能处理很多非结构型数据，包括文档、视频、图像，一般难以用 Excel 表格的形式呈现。而这些非结构型数据需要量化后才能分析，在量化中还常常伴随着信息损失。

2）统计分析的重点是假设检验，核心理念与波普的证伪主义非常接近。相比之下，大数据分析更具实用主义色彩。预测在大数据分析中占有很大比重，同时对预测效果的后评估也是大数据分析的重要内容。

因此，大数据分析的任务主要有以下两种。

1）预测任务，目标是根据某些属性的值，预测另外一些特定属性的值。被预测的属性一般称为目标变量或因变量，被用来做预测的属性称为解释变量或自变量。

2）描述任务，目标是导出概括数据中潜在联系的模式，包括相关、趋势、聚类、轨迹和异常等。描述性任务通常是探查性的，常常需要后处理技术来验证和解释结果，具体可分为分类、回归、关联分析、聚类分析、推荐系统、异常检测、链接分析等几种。

5.1.2　大数据分析的类型

大数据分析主要有描述性统计分析、探索性数据分析及验证性数据分析等。

1. 描述性统计分析

描述性统计是指运用制表、分类、图形及计算概括性数据来描述数据特征的各项活动。描述性统计分析要对调查总体所有变量的有关数据进行统计性描述，主要包括数据的频数分析、集中趋势分析、离散程度分析、分布分析及一些基本的统计图形。

2. 探索性数据分析

探索性数据分析是指为了形成值得假设的检验而对数据进行分析的一种方法，是对传统统计学假设检验手段的补充。它是对已有的数据（特别是调查或观察得来的原始数据）在尽量少的先验假定下进行探索，通过作图、制表、方程拟合、计算特征量等手段探索数据的结构和规律的一种数据分析方法。特别是在大数据时代，人们面对各种杂乱的"脏"数据，往往不知所措，在不知道从哪里开始了解手里的数据时，探索性数据分析就非常有效。

从逻辑推理上讲，探索性数据分析属于归纳法，它有别于从理论出发的演绎法。因此，探索性数据分析成为大数据分析中不可缺少的一步并且走向前台。

3. 验证性数据分析

验证性数据分析注重对数据模型和研究假设的验证，侧重于已有假设的证实或证伪。假设检验是根据数据样本所提供的证据，肯定或否定有关总体的声明。它一般包含以下流程。

1）提出零假设及对应的备择假设。

2）在零假设前提下，推断样本统计量出现的概率（统计量可符合不同的分布，不同的概率分布有不同的检验方法）。

3）设定拒绝零假设的阈值。样本统计量在零假设下出现的概率小于阈值，则拒绝零假设，接受备择假设。

5.1.3 大数据分析的内容

大数据分析的内容主要有数据挖掘算法、大数据预测性分析及可视化分析等。

1. 数据挖掘算法

大数据分析的理论核心就是数据挖掘算法，各种数据挖掘的算法只有基于不同的数据类型和格式，才能更加科学地呈现出数据本身的特点。也正是这些被全世界统计学家所公认的各种统计方法才能深入数据内部，挖掘出公认的价值。另一方面，也正是因为有这些数据挖掘的算法，才能更快速地处理大数据，如果一个算法需要花上几年才能得出结论，那么大数据的价值也就无从谈起了。

2. 大数据预测性分析

大数据分析最终要应用的领域之一就是预测性分析。从大数据中挖掘出特点，科学地建立模型，之后便可以通过模型代入新的数据，从而预测未来的数据。

3. 可视化分析

大数据分析的使用者有大数据分析专家，同时还有普通用户，但是他们对于大数据分析最基本的要求都是能够可视化分析。因为可视化分析能够直观地呈现大数据的特点，同时能够非常容易地被读者所接受，就如同看图说话一样简单明了。

5.1.4 大数据分析的方法

1. 分类

大数据分析的方法

分类是一种重要的数据挖掘技术。分类的目的是根据数据集的特点构造一个分类函数或分类模型（也常称为分类器）。该模型能把未知类别的样本映射到给定类别中的某一个。分类的步骤是首先从数据中选出已经分好类的训练集，在该训练集上运用数据挖掘技术，建立一个分类模型，再将该模型用于对没有分类的数据进行分类。分类算法的目标变量是分类离散型的（如是否逾期、是否为垃圾邮件等）。一般而言，具体的分类算法包括决策树、贝叶斯判别、神经网络等。

例如，使用分类算法判断电子邮件是否属于垃圾邮件，一般应该包含以下两个步骤。

步骤1：把邮件内容拆解成词汇组合，假设某篇邮件包含50个词汇。

步骤2：根据贝叶斯条件概率，计算一封已经出现了这50个词汇的邮件属于垃圾邮件的概率和属于正常邮件的概率。如果结果表明属于垃圾邮件的概率大于属于正常邮件的概率，那么该邮件就会被划分为垃圾邮件。

2. 回归分析

在统计学中，回归分析指的是确定两种或两种以上变量间相互依赖的定量关系的一种统计分析方法。回归分析按照涉及变量的多少，分为一元回归和多元回归分析；按照因变量的多少，可分为简单回归分析和多重回归分析；按照自变量和因变量之间的关系类型，可分为线性回归分析和非线性回归分析。

例如，线性回归是最为人熟知的建模技术之一。线性回归通常是人们在学习预测模型时首选的少数几种技术之一。在该技术中，因变量是连续的，自变量（单个或多个）可以是连续的，也可以是离散的。

在大数据分析中，回归分析是一种预测性的建模技术，它研究的是因变量（目标）和自变量（预测器）之间的关系。它主要是通过建立因变量 Y 与影响它的自变量 X 之间的回归模型，衡量自变量 X 对因变量 Y 的影响能力，进而可以预测因变量 Y 的发展趋势。这种技术通常用于预测分析、建立时间序列模型以及发现变量之间的因果关系。例如，司机的鲁莽驾驶与道路交通事故数量之间的关系，最好的研究方法就是回归分析。

3. 聚类分析

聚类分析指将物理或抽象对象的集合分组为由类似对象组成的多个类的分析过程。聚类是自动寻找并建立分组规则的方法，通过判断样本之间的相似性，把相似样本划分在一个簇中。它的目的就是实现对样本的细分，使得同组内的样本特征较为相似，不同组的样本特征差异较大。

聚类源于很多领域，包括数学、计算机科学、统计学、生物学和经济学。在不同的应用领域，很多聚类技术都得到了发展，这些技术方法被用作描述数据，衡量不同数据源间的相似性，以及把数据源分类到不同的簇中。常见的聚类算法包括系谱聚类和密度聚类等。

与分类不同，聚类所要求划分的类是未知的，因此分析是一种探索性的分析。在分类的过程中，人们不必事先给出一个分类的标准，聚类分析能够从样本数据出发，自动进行分类。从实际应用的角度看，聚类分析是数据挖掘的主要任务之一。例如，银行对客户的细分可以采用聚类分析。这能够有效地划分出客户群体，使得群体内部成员具有相似性，但是群体之间存在差异性。"金融领域中金融产品的推广营销"案例就属于聚类分析的具体应用。

4．关联规则

关联规则是数据挖掘中的一种经典方法，用于发现数据集中项目之间的有趣关系或相关性。它的定义是：两个不相交的非空集合 X、Y，如果有 $X \rightarrow Y$，就说明 $X \rightarrow Y$ 是一条关联规则。其中，X、Y 表示两个互斥事件，X 称为前因（Antecedent），Y 称为后果（Consequent），上述关联规则表示 X 会导致 Y。关联规则的强度用支持度（Support）和置信度（Confidence）来描述。支持度和置信度越高，说明规则越强。关联规则挖掘就是挖掘出满足一定强度的规则。例如，在商场的购物数据中，常常可以看到多种物品同时出现，这背后隐藏着联合销售或打包销售的商机。关联规则分析（Association Rule Analysis）就是为了发掘购物数据背后的商机而诞生的。

在实际应用中，"商品销售"讲述了产品之间的关联性，如果大量的数据表明消费者在购买 A 产品的同时也会购买 B 产品，那么 A 和 B 之间就存在关联性，记为 $A \rightarrow B$。例如，在超市中，常常会看到两个商品的捆绑销售，很有可能就是关联分析的结果。又如，啤酒与纸尿裤的案例也很好地解释了数据挖掘中的关联规则挖掘的原理。表 5-1 中的每一行代表一次购买清单（注意只记录产品种类，而忽略同一产品的购买数量）。数据记录的所有项的集合称为总项集，表 5-1 中的总项集 $S=$ ｛牛奶，面包，纸尿裤，啤酒，鸡蛋，可乐｝。

表 5-1　某时刻商品关联关系表

时间	商品
T1	｛牛奶，面包｝
T2	｛面包，纸尿裤，啤酒，鸡蛋｝
T3	｛牛奶，纸尿裤，啤酒，可乐｝
T4	｛面包，牛奶，纸尿裤，啤酒｝
T5	｛面包，牛奶，纸尿裤，可乐｝

在上述例子中，购买啤酒就一定会购买纸尿裤，｛啤酒｝ → ｛纸尿裤｝就是一条关联规则。此关联规则的支持度 Support（｛啤酒｝ → ｛纸尿裤｝）=啤酒和纸尿裤同时出现的次数÷数据记录数=3÷5=60%；此关联规则的置信度 Confidence（｛啤酒｝ → ｛纸尿裤｝）=啤酒和纸尿裤同时出现的次数÷啤酒出现的次数=3÷3=100%。

使用关联规则的过程主要包含以下几个步骤。

1）数据筛选。首先对数据进行清洗，清洗掉那些公共的项目，如热门词、通用词等（此步依据具体项目而定）。

2）根据支持度，从事务集合中找出频繁项集（可使用 Apriori 算法、FP-Growth 算法）。

3）根据置信度，从频繁项集中找出强关联规则（置信度阈值需要根据实验或经验而定）。

4）根据提升度，从强关联规则中筛选出有效的强关联规则（提升度的设定需要经过多次试验确定）。

目前，关联规则挖掘技术已经被广泛应用在西方金融行业企业中，它可以成功预测银行客户需求。一旦获得了这些信息，银行就可以改善自身营销。

5.2 大数据挖掘概述

5.2.1 数据挖掘介绍

1. 数据挖掘的定义

数据挖掘介绍

数据挖掘是指在大量的数据中挖掘出有用信息,通过分析来揭示数据之间有意义的联系、趋势和模式。数据挖掘是一门交叉学科,将人们对数据的应用从低层次的简单查询提升到从数据中挖掘知识,提供决策支持。在需求推动下,不同领域的研究者,尤其是数据库技术、人工智能技术、数理统计、可视化技术、并行计算等方面的知识融合后,形成新的研究热点。

数据挖掘首先是搜集数据,数据越丰富越好,数据量越大越好,只有获得足够的高质量的数据,才能获得确定的判断,才能产生认知模型,这是量变到质变的过程。由此产生经验,经验的积累就能产生有价值的判断。认知模型是渐进发展的模型,当认识深入以后,将产生更加抽象的模型与许多猜想,通过猜想再扩展模型,从而达到深度学习和深度挖掘。

数据挖掘可以分为两类:直接数据挖掘和间接数据挖掘。

(1)直接数据挖掘

直接数据挖掘的目标是利用可用的数据建立一个模型,利用这个模型对剩余的数据,对一个特定的变量进行描述。

(2)间接数据挖掘

间接数据挖掘的目标中没有选出某一具体的变量,也不是用模型进行描述的,而是在所有的变量中建立起某种关系。

此外,在数据挖掘中还应注意以下几点。

1)数据源必须是真实的、大量的、含有噪声的、用户感兴趣的数据。

2)挖掘知识的方法可以是数学的方法,也可以是非数学的方法;可以是演绎的方法,也可以是归纳的方法。

3)挖掘的知识具有应用的价值,可以用于信息管理、查询优化、决策支持和过程控制等,还可以用于数据自身的维护。

2. 数据挖掘技术

数据挖掘技术就是指为了完成数据挖掘任务所需要的全部技术,是数据挖掘方法的集合。金融、零售等行业已广泛采用数据挖掘技术,分析用户的可信度和购物偏好等。

数据挖掘方法众多。根据挖掘任务可将数据挖掘技术分为预测模型发现、聚类分析、分类与回归、关联分析、序列模式发现、依赖关系或依赖模型发现、异常和趋势发现、离群点检测等。根据挖掘对象可分为关系数据库、面向对象数据库、空间数据库、时态数据库、文本数据源、多媒体数据库、异质数据库、遗产数据库及环球网 Web。根据挖掘方法可分为机器学习方法、统计方法、神经网络方法和数据库方法。机器学习方法可细分为归纳学习方法(决策树、规则归纳等)、基于范例学习、遗传算法等。统计方法可细分为回归分析(多元回归、自回归等)、判别分析（贝叶斯判别、费歇尔判别和非参数判别等）、聚类分析（系统聚类、动态聚类等）、探索性分析（主元分析法、相关分析法等）等。神经网络方法可细分为前向神经网络（BP 算法等）、自组织神经网络（自组织特征映射、竞争学习等）等。数据库方法主要是多维数据分析或联机分析处理（Online Analytical Processing，OLAP）方法，另外还有面向属性的归纳方法。

5.2.2　数据挖掘应用

在当今大数据时代，数据挖掘应用到各个领域中，成为高技术发展的热点问题。在软件开发、医疗卫生、金融、教育等方面随处都可以看到数据挖掘的影子，可以使用数据挖掘技术发现大数据内在的巨大价值。

（1）电子邮件系统中垃圾邮件的判断

电子邮件系统判断一封电子邮件是否属于垃圾邮件，这属于文本挖掘的范畴，通常会采用朴素贝叶斯方法进行判断。它的主要方法是判断电子邮件中的词汇是否经常出现在垃圾邮件中。例如，如果一封电子邮件的正文中包含"推广""广告""促销"等词汇，该邮件被判断为垃圾邮件的概率将会比较大。

（2）金融领域中金融产品的推广营销

针对商业银行中的零售客户进行细分，基于零售客户的特征变量（人口特征、资产特征、负债特征、结算特征），计算客户之间的距离。然后按照距离的远近把相似的客户聚集为一类，从而有效地细分客户。例如，将全体客户划分为理财偏好者、基金偏好者、活期偏好者、国债偏好者等，其目的在于识别不同的客户群体，然后针对不同的客户群体精准地进行产品设计和推送，从而节约营销成本，提高营销效率。

（3）商品销售

啤酒和纸尿裤的关联是一个经典的案例。美国某大型连锁超市发现了一个非常有趣的现象，把纸尿裤与啤酒这两种不相关的商品摆在一起，能够大幅度增加两者的销量。原因在于，美国的妇女通常在家照顾孩子，所以，她们常常会嘱咐丈夫在下班回家的路上为孩子买纸尿裤，而丈夫在买纸尿裤的同时又会顺便购买自己爱喝的啤酒。超市从数据中发现了这种关联性，因此将这两种商品并置，从而大大提高了关联销售量。

（4）疾病诊断

乳腺肿瘤是女性恶性肿瘤中最常见的一种，影响女性的身体和精神健康，甚至威胁生命。20 世纪以来，全世界范围内乳腺癌的患病率均有所增加，特别是在欧洲和北美地区，乳腺癌分别占女性恶性肿瘤发病率的第一和第二位。在大数据时代下，医疗方面的数据呈现出数量大、类型多、处理方法复杂等特点，数据挖掘技术对这些问题的处理起到了至关重要的作用。例如，通过对乳腺肿瘤的分析，可知乳腺肿瘤的特征可以由多个参数来表示。因此，医院可基于改进的反向传播（Back Propagation，BP）神经网络，建立乳腺肿瘤的模拟模型，并通过对传统的 BP 神经网络进行改进和发展，来提高对早期乳腺肿瘤的诊断率。

（5）电子商务中的推荐系统

随着电子商务规模的不断扩大，商品数量和种类快速增长，客户需要花费大量的时间才能找到自己想买的商品。这种浏览大量无关的信息和产品的过程无疑会使淹没在信息过载问题中的客户不断流失。推荐系统是利用电子商务网站向客户提供商品信息和建议，帮助客户决定应该买什么产品，模拟销售人员帮助客户完成购买过程。其中个性化推荐系统是最典型的应用。个性化推荐系统是建立在海量数据挖掘基础上的一种高级商务智能平台，它可以根据客户的兴趣特点和购买行为，向客户推荐其感兴趣的信息和商品。

5.3 数据挖掘算法

5.3.1 *k*-means 算法

k-means 算法也叫作 k 均值聚类算法，它是最著名的聚类分析算法，简洁和高效使得它成为所有聚类分析算法中被使用最广泛的。其步骤是随机选取 k 个对象作为初始的聚类中心，然后计算每个对象与各个种子聚类中心之间的距离，把每个对象分配给距离它最近的聚类中心。聚类中心以及分配给它们的对象就代表一个聚类。每分配一个样本，聚类中心会根据聚类中现有的对象重新计算。这个过程将不断重复，直到满足某个终止条件。该算法的终止条件可以是以下条件中的任何一个。

1）没有（或最小数目）对象被重新分配给不同的聚类。

2）没有（或最小数目）聚类中心再发生变化。

3）误差平方和局部最小。

图 5-1 所示为 k-means 算法的可视化实现。

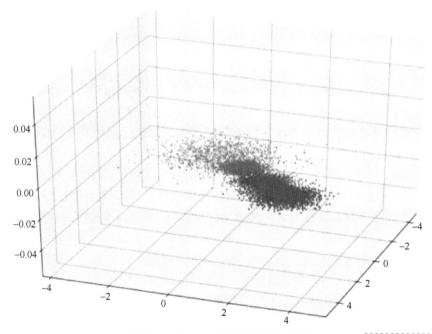

图 5-1 *k*-means 算法的可视化实现

5.3.2 决策树算法

决策树算法是一种能解决分类或回归问题的机器学习算法。它是一种典型的分类方法，最早产生于 20 世纪 60 年代。决策树算法首先对数据进行处理，利用归纳算法生成可读的规则和决策树，然后使用决策对新数据进行分析，因此决策树在本质上是通过一系列规则对数据进行分类的过程。

决策树呈树形结构，在分类问题中，表示基于特征对实例进行分类的过程。学习时，利用训练数据，根据损失函数最小化的原则建立决策树模型；预测时，利用决策模型对新的数据进行分类。

决策树的原理如下。

1）找到划分数据的特征，作为决策点。

2）利用找到的特征将数据划分成 n 个数据子集。

3）如果同一个子集中的数据属于同一类型就不再划分，如果不属于同一类型，继续利用特征进行划分。

4）直到每一个子集的数据都属于同一类型才停止划分。

决策树构造可以分两步进行。第一步，决策树的生成，由训练样本数据集生成决策树。一般情况下，训练样本数据需要有一定价值的并且能够用于数据分析处理的数据集。第二步，决策树的剪枝，即对上一步生成的决策树进行检验、校正和修剪，主要是用新的样本数据集（称为测试数据集）中的数据校验决策树生成过程中产生的初步规则，将那些影响预测准确性的分枝剪除。

图 5-2 所示为决策树模型。图 5-3 所示为决策树算法在银行信贷中的应用。在图 5-3 中，当客户满足年收入大于 20 万元时可以贷款，否则要求有房产，除此之外则不能贷款。

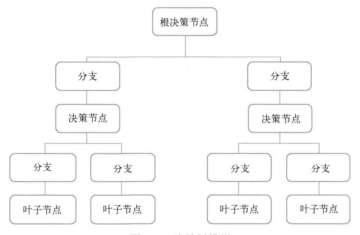

图 5-2　决策树模型

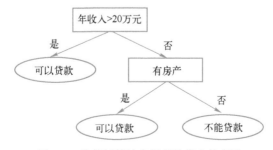

图 5-3　决策树算法在银行信贷中的应用

5.3.3 KNN 算法

KNN 算法也称 k 最近邻算法，是数据挖掘分类技术中较简单的方法之一。所谓 k 最近邻，就是指每个样本都可以用它最近的 k 个"邻居"来代表。

KNN 算法的核心思想是如果一个样本在特征空间中的 k 个最相邻的样本中的大多数属于某一个类别，则该样本也属于这个类别，并具有这个类别上样本的特性。该算法在确定分类决策上只依据最邻近的一个或几个样本的类别来决定待分样本所属的类别。由于 KNN 算法主要靠周围有限的邻近样本，而不是靠判断类域的方法来确定所属类别，因此对于类域的交叉或重叠较多的待分样本集来说，KNN 算法较其他方法更为适合。

KNN 算法的实现主要有以下三个步骤。

1）给定待分类样本，计算它与已分类样本中每个样本的距离。

2）圈定与待分类样本距离最近的 k 个已分类样本，作为待分类样本的近邻。

3）根据这 k 个近邻中的大部分样本所属的类别来决定待分类样本属于哪个分类。

图 5-4 所示为用 Python 实现的 KNN 算法。

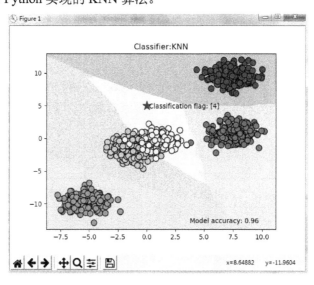

图 5-4 用 Python 实现的 KNN 算法

5.3.4 遗传算法

遗传算法模拟了自然选择和遗传中发生的繁殖、交配和基因突变现象，是一种采用遗传结合、遗传交叉变异及自然选择等操作来生成实现规则的、基于进化理论的机器学习方法。它的基本观点是"适者生存"原理，具有隐含并行性、易于和其他模型结合等性质。其主要的优点是可以处理许多数据类型，同时可以并行处理各种数据；缺点是需要的参数太多，编码困难，计算量比较大。遗传算法常用于优化神经元网络，能够解决其他技术难以解决的问题。遗传算法的实现流程如图 5-5 所示。

遗传算法的实现步骤如下。

1）随机产生种群。

2）根据策略判断个体的适应度，是否符合优化准则。若符合，输出最佳个体及其最优解，结束；否则，进行下一步。

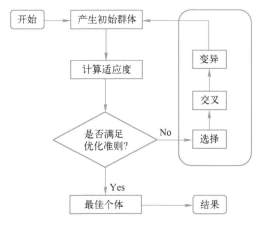

图 5-5　遗传算法的实现流程

3）依据适应度选择父母，适应度高的个体被选中的概率高，适应度低的个体被淘汰。

4）用父母的染色体按照一定的方法进行交叉，生成子代。

5）对子代染色体进行变异。

6）由交叉和变异产生新一代种群，返回步骤 2），直到最优解产生。

5.3.5　神经网络算法

神经网络可以分为两种，一种是生物神经网络，另一种是人工神经网络。在这里专指人工神经网络。它是一种模仿动物神经网络行为的特征，进行分布式并行信息处理的数学算法模型。

人工神经网络算法的原理基于以下两点：信息是通过神经元上的兴奋模式分布存储在网络上；信息处理是通过神经元之间同时相互作用的动态过程来完成的。人工神经网络首先要以一定的学习准则进行学习，然后才能工作。现以人工神经网络对于输入"A""B"两个字母的识别为例进行说明，规定当输入"A"时，应该输出"1"，而当输入"B"时，输出"0"。

因此，网络学习的准则应该是：如果网络做出错误的判断，则通过网络的学习，使得网络减少下次犯同样错误的可能性。首先，给网络的各连接权值赋予(0,1)区间内的随机值，将"A"所对应的图像模式输入网络，网络将依次进行输入模式加权求和、与门限比较，再进行非线性运算，得到网络的输出。在此情况下，网络输出"1"和"0"的概率各为 50%，也就是说是完全随机的。这时如果输出"1"（结果正确），则使连接权值增大，以便使网络再次遇到"A"模式输入时，仍然能做出正确的判断。

在实际应用中，神经网络的核心思路是利用训练样本（Training Sample）来逐渐地完善参数。通常，它的学习训练方式可分为两种，一种是有监督（或称有导师）学习，这时利用给定的样本标准进行分类或模仿；另一种是无监督学习（或称无导师）学习，这时只规定学习方式或某些规则，具体的学习内容随系统所处环境（即输入信号情况）而异，系统可以自动发现环境特征和规律性，具有更近似人脑的功能。

前馈神经网络是一种最简单的神经网络，各神经元分层排列。每个神经元只与前一层的神经元相连，接收前一层的输出，并输出给下一层，各层间没有反馈。它是目前应用十分广泛、发展迅速的人工神经网络之一。前馈神经网络的结构如图 5-6 所示。

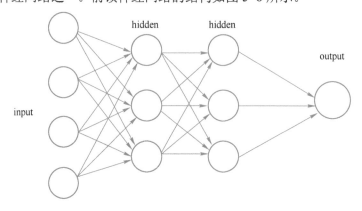

图 5-6 前馈神经网络的结构

在这个结构中，网络的最左边一层称为输入层，用 input 表示，其中的神经元称为输入神经元。最右边及输出层包含输出神经元，用 output 表示。在这个例子中，只有一个单一的输出神经元，但一般情况下输出层也会有多个神经元。中间层称为隐含层，用 hidden 表示，因为里面的神经元既不是输入也不是输出。

图 5-7 所示为有多个输出神经元的神经网络结构。

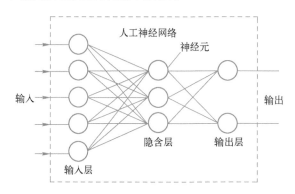

图 5-7 有多个输出神经元的神经网络结构

5.4 实训 绘制决策树

1．实训目的

通过本实训了解大数据挖掘的特点，能进行与大数据挖掘有关的简单操作。

2．实训内容

假设某适婚女子提出的相亲条件如下。

1）年龄在 30 岁以下。

2）长相中等以上。

3）收入高，或者职业是公务员。

根据其要求画出决策树，如图 5-8 所示。

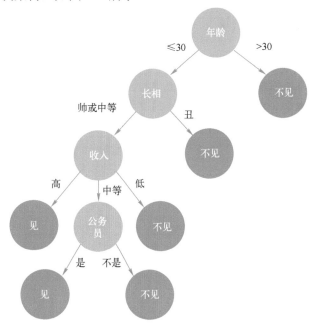

图 5-8 相亲条件的决策树

本章小结

1）大数据分析是指对规模巨大的数据进行分析。

2）大数据分析包括数据挖掘算法、大数据预测性分析、可视化分析等。

3）数据挖掘是指在大量的数据中挖掘出有用信息，通过分析来揭示数据之间有意义的联系、趋势和模式。

4）数据挖掘可以分为两类：直接数据挖掘和间接数据挖掘。

5）分类的步骤是首先从数据中选出已经分好类的训练集，在该训练集上运用数据挖掘技术建立一个分类模型，再将该模型用于对没有分类的数据进行分类。

6）聚类是自动寻找并建立分组规则的方法，通过判断样本之间的相似性，把相似样本划分在一个簇中。它的目的就是实现对样本的细分，使得同组内的样本特征较为相似，不同组的样本特征差异较大。

7）关联规则就是有关联的规则。它的定义是：两个不相交的非空集合 X、Y，如果有 $X \rightarrow Y$，就说明 $X \rightarrow Y$ 是一条关联规则。关联规则的强度用支持度（Support）和置信度（Confidence）来描述。支持度和置信度越高，说明规则越强。关联规则挖掘就是挖掘出满足一定强度的规则。

8）在当今大数据时代，数据挖掘应用到各个领域中，成为高技术发展的热点问题。在软件开发、医疗卫生、金融、教育等方面随处都可以看到数据挖掘的影子。

习题 5

简答题

1. 请阐述什么是大数据分析。
2. 大数据分析的类型有哪些？
3. 举两个数据挖掘的应用场景的例子。
4. 简述数据挖掘的分类算法及应用。

第6章　大数据可视化

本章学习目标

- 了解大数据可视化的概念。
- 了解大数据可视化的流程。
- 了解大数据可视化的图表类型。
- 了解大数据可视化的方法。
- 了解大数据可视化的应用。

6.1　大数据可视化概述

6.1.1　大数据可视化的概念

1．大数据可视化介绍

大数据可视化是关于数据视觉表现形式的科学技术研究，它为大数据分析提供了一种更加直观的挖掘、分析与展示的手段，从而让大数据更有意义。因此，大数据可视化是将各种数据用图形化的方式展示出来，是人们理解数据、诠释数据的重要手段和途径。从本质上讲，数据可视化是为了帮助用户通过认知数据，发现这些数据所反映的实质。

与传统的立体建模之类的特殊技术方法相比，数据可视化所涵盖的技术方法要广泛得多。它是以计算机图形学及图像处理技术为基础，将数据转换为图形或图像并进行交互处理的理论、方法和技术。它涉及计算机视觉、图像处理、计算机辅助设计、计算机图形学等多个领域，并逐渐成为一项研究数据表示、数据综合处理、决策分析等问题的综合技术。

当前，在大数据的研究领域中，数据可视化是一门异常活跃的学科。一方面，数据可视化以数据挖掘、数据采集、数据分析为基础；另一方面，它还是一种新的表达数据的方式，是对现实世界的抽象表达。数据可视化将大量不可见现象转换为可见的图形符号，帮助人们发现规律和获取知识。

2．大数据可视化的类型

随着对大数据可视化认识的不断加深，人们认为大数据可视化一般分为三种不同的类型：科学可视化、信息可视化和可视化分析。图 6-1 所示为三者的相互关系。

（1）科学可视化

科学可视化是数据可视化中的一个应用领域，主要关注空间数据与三维现象的可视化，包含气象学、生物学、物理学、农学等，重点在于对客观事物的体、面及光源等的逼真渲染。科学可视化是计算机图形学的一个子集，是计算机科学的一个分支。因此，科学可视化的目的主要是以图形方式说明数据，使科学家能够从数据中了解和分析规律。

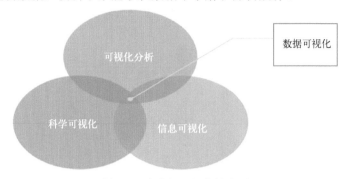

图 6-1　大数据可视化的类型

科学可视化历史悠久，甚至在计算机技术广泛应用之前人们就已经了解了视觉在理解数据方面的作用。1987 年，美国国家科学基金会在关于"科学计算领域之中的可视化"的报告中正式提出了科学可视化的概念。

目前，科学可视化的实施主要是从模拟或扫描设备上获取的数据中找寻曲面、流动模型及它们之间的空间联系。图 6-2 所示为风向的可视化。

图 6-2　风向的可视化

（2）信息可视化

信息可视化（Information Visualization）是一个跨学科领域，旨在研究大规模非数值型信息资源的视觉呈现（如软件系统之中众多的文件或一行行的程序代码），通过利用图形图像方面的技术与方法，帮助人们理解和分析数据。信息可视化与科学可视化有所不同，科学可视化处理的数据具有天然几何结构（如磁感线、流体分布等），而信息可视化则侧重于抽象数据结构，如非结构化文本或高维空间中的点（这些点并不具有固有的二维或三维几何结构）。人们日常工作中使用的柱状图、趋势图、流程图、树状图等，都属于信息可视化，这些图形的设计都将抽象的概念转化成为可视化信息。

传统的信息可视化起源于统计图形学，与信息图形、视觉设计等学科密切相关。信息可视化囊括了信息图形、知识可视化、科学可视化及视觉设计方面的所有发展与进步，它致力于创建那些以直观方式传达抽象信息的手段和方法。可视化的表达形式与交互技术则是利用人类眼睛通往心灵深处，使得人们能够目睹、探索以至立即理解大量的信息。图 6-3 所示为机器学习中绘制的可视化图形。

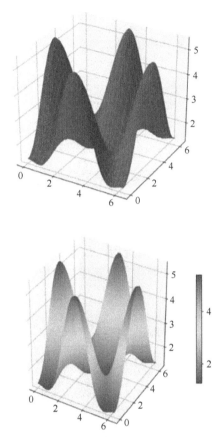

图 6-3　机器学习中绘制的可视化图形

（3）可视化分析

可视化分析是科学可视化与信息可视化领域发展的产物，侧重于借助交互式的用户界面对数据进行分析与推理。

可视化分析是一个多学科领域，它将新的计算和基于理论的工具与创新的交互技术和视觉表示相结合，以实现人类信息话语。可视化分析的重点应用有以下几方面。

- 分析推理技术，使用户能够获得直接支持评估、计划和决策的深入见解。
- 数据表示和转换，以支持可视化和分析的方式转换所有类型的冲突和动态数据。
- 分析结果的生成、呈现和传播的技术，以便在适当的环境中向各种受众传达信息。
- 可视化表示和交互技术，允许用户查看、探索和理解大量信息。

图 6-4 所示为可视化分析的构成。从图中可以看出，可视化分析是一门综合性学科，与多个领域有关。在可视化方面，有信息可视化、科学可视化和计算机图形学；在数据分析方面，有信息获取、数据处理和数据挖掘；在交互方面，则有人机交互、认知科学和感知等学科的融合。

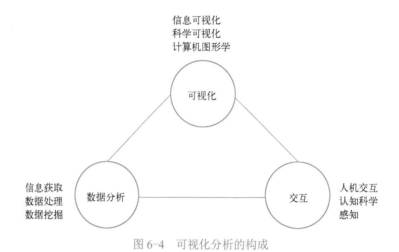

图 6-4 可视化分析的构成

目前，可视化分析的基础理论仍然在发展中，还需要人们深入探索和不断挖掘。

6.1.2 大数据可视化的流程

大数据可视化是一个系统的流程，该流程以数据为基础，以数据流为导向，包括数据采集、数据处理、可视化映射和用户感知等环节。具体的可视化实现流程有很多，图 6-5 所示为常用的大数据可视化流程的概念图。

图 6-5 大数据可视化的流程

1. 数据采集

大数据可视化的基础是数据，数据可以通过仪器采样、调查记录等方式进行采集。数据采集又称数据获取或数据收集，是指对现实世界的信息进行采样，以便产生可供计算机处理的数据的过程。通常，数据采集过程包括为了获得所需信息而对信号和波形进行采集并对它们加以处理的一系列步骤。

目前常见的数据采集的形式分为主动采集和被动采集两种。主动采集是以明确的数据需求为目的，利用相应的设备和技术手段主动采集所需要的数据，如卫星成像、监控数据等。被动采集是以数据平台为基础，由数据平台的运营者提供数据来源，如电子商务数据、网络论坛数据等，被动采集可通过网络爬虫技术进行抓取。

2. 数据处理

采集得来的原始数据一方面不可避免地含有噪声和误差，另一方面数据的模式和特征往往被隐藏。因此，通过数据处理能够保证数据的完整性、有效性、准确性、一致性和可用性。

数据处理可以认为是数据可视化的前期工作，其目的是提高数据质量。数据处理通常包含数据清洗、数据集成及数据转换等步骤。

3. 可视化映射

可视化映射是可视化流程的核心环节，它把不同数据之间的联系映射为可视化视觉通道中的不同元素，如标记的位置、大小、长度、形状、方向、色调、饱和度、亮度等。

4．用户感知

用户感知是用户可以借助数据可视化结果感受数据的不同，从中提取信息、知识和灵感，并从中发现数据背后隐藏的现象和规律。

值得注意的是，在可视化系统的实际应用中，会出现不同的可视化流程设计，图 6-6 所示为科学计算可视化中的常用模型。该模型描述了从原始数据到用户感知的整个可视化流程，该流程包含数据转换、视觉映射、图像转换及人机交互等多个步骤。

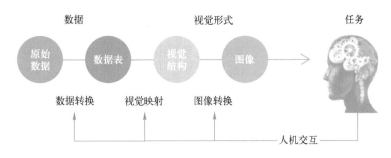

图 6-6 科学计算可视化中的常用模型

6.1.3 大数据可视化图表

1．统计图表

图表是表达数据最直观、最强大的方式之一，图表能够让枯燥的数字吸引人们注意力。在实现数据可视化图表时，应当考虑的问题是：我有什么数据？我需要用图做什么？我该如何展示数据？

在统计图表中，每一种类型的图表都可包含不同的数据可视化图形，如柱状图、K线图、饼图、折线图、散点图、气泡图、雷达图、面积图、密度图、热力图、趋势图、直方图、色块图、漏斗图、和弦图等。图 6-7～图 6-15 所示为不同类型的统计图表示例。

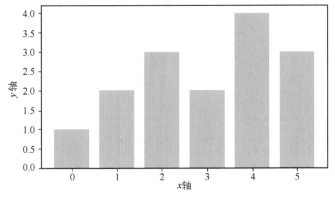

图 6-7 柱状图示例

图 6-8　K 线图示例

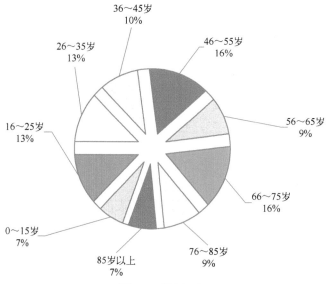

图 6-9　饼图示例

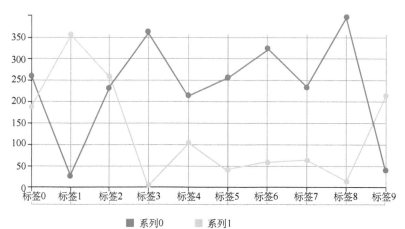

图 6-10　折线图示例

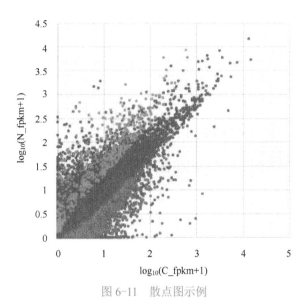

图 6-11　散点图示例

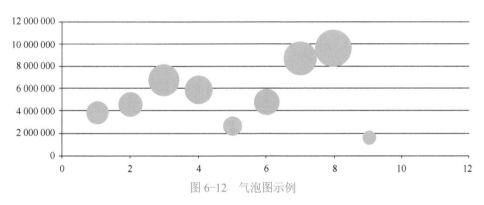

图 6-12　气泡图示例

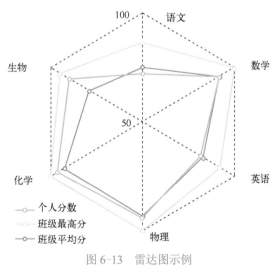

图 6-13　雷达图示例

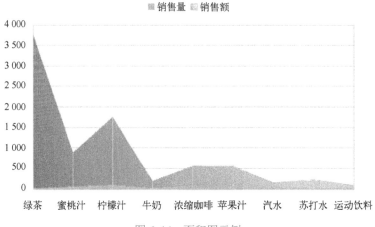

图 6-14　面积图示例

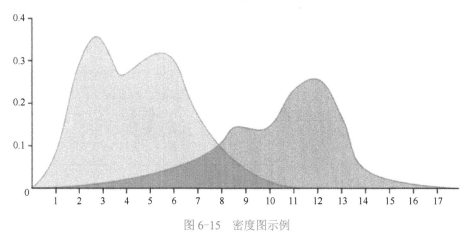

图 6-15　密度图示例

2. 功能图表

在大数据的可视化图表中，按照数据的作用和功能可以把图表分为以下几类：比较类、分布类、流程类、地图类、占比类、区间类、关联类、时间类和趋势类等。图 6-16～图 6-20 所示为不同类型的功能图表示例。

133	114	80	66	60	53	35	26	21
193	165	115	96	77	64	51	38	30
205	176	123	102	82	68	54	41	32
216	185	129	121	86	72	57	43	34
250	214	150	125	100	83	66	50	40
256	219	153	128	102	85	68	51	40
259	222	155	129	103	86	69	51	41
290	249	174	145	116	96	77	58	46
322	276	193	161	129	107	86	64	51

图 6-16　比较类图表示例

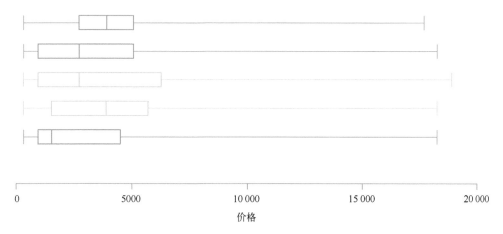

图 6-17　分布类图表示例

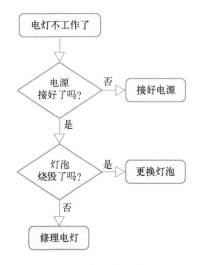

图 6-18　流程类图表示例

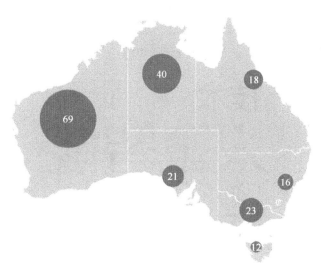

图 6-19　地图类图表示例

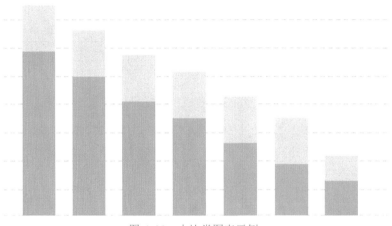

图 6-20　占比类图表示例

6.2　大数据可视化方法

6.2.1　文本可视化

大数据可视化
方法

1．文本可视化的定义

文字是传递信息最常用的载体，文本信息是互联网中最主要的信息类型。与图形、语音和视频信息相比，文本信息体积更小、传输更快，并且更容易生成。

将互联网中广泛存在的文本信息用可视化的方式表示能够更加生动地表达蕴含在文本中的语义特征，如逻辑结构、词频、动态演化规律等。因此，针对一篇文章，文本可视化能更快地告诉我们文章在讲什么；针对社交网络上的发言，文本可视化可以帮助我们将所有信息归类；针对一个大新闻，文本可视化可以帮助我们捋顺事情发展的脉络；针对一本长篇小说，文本可视化能够帮助我们理清每个人物的关系；针对一系列的文档，文本可视化可以帮助我们找到它们之间的联系；等等。图 6-21 所示为文本可视化示例。

图 6-21　文本可视化示例

2. 文本可视化的类型

文本可视化的类型除了包括常规的图表类，如柱状图、饼图、折线图等表现形式，在文本领域用得比较多的可视化类型主要有以下三种。

1）基于文本内容的可视化。基于文本内容的可视化研究包括基于词频的可视化和基于词汇分布的可视化，常用的有词云、分布图和 Document Cards 等。

2）基于文本关系的可视化。基于文本关系的可视化研究文本内外关系，帮助人们理解文本内容和发现规律。常用的可视化形式有树状图、节点连接的网络图、力导向图、叠式图和 Word Tree 等。

3）基于多层面信息的可视化。基于多层面信息的可视化主要研究如何结合信息的多个方面帮助人们从更深层次理解文本数据，发现其内在规律。其中，包含时间信息和地理坐标的文本可视化近年来受到越来越多的关注。常用的可视化形式有地理热力图、ThemeRiver、SparkClouds、TextFlow 和基于矩阵视图的情感分析可视化等。

6.2.2 网络可视化

1. 网络可视化的定义

网络可视化通常是展示数据在网络中的关联关系，一般用于描绘互相连接的实体，如社交网络。基于腾讯微博、新浪微博等社交网站提供的服务建立起来的虚拟化网络就是社交网络。社交网络通常反映了用户通过各种途径认识的人，如家庭成员、工作同事、开会结识的朋友、高中同学、俱乐部成员等。图 6-22 所示为网络关联图。

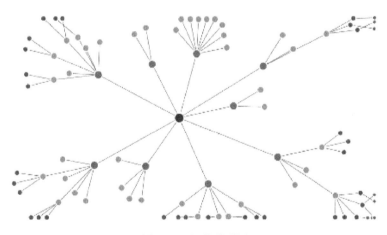

图 6-22　网络关联图

2. 社交网络可视化

社交网络图侧重于展示网络内部的实体关系。它将实体作为节点，一张社交网络图可以由无数个节点组成，并用边连接节点。通过分析社交网络图可以直观地看出其中的人或组织之间的相互关系。

社交网络是一种复杂网络，单纯地研究网络中的节点或计算网络中的统计信息并不能完全揭示网络中的潜在关系。因此，对于社交网络来说最直观的可视化方式是网络结构。图 6-23 所示为家庭中的社交网络图，图中一共有 10 个节点和 20 条边。

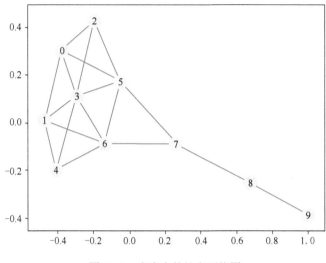

图 6-23　家庭中的社交网络图

3．社交网络可视化的实现

在 Python 中可以制作社交网络图，在制作时需要先导入 networkx 库。该库是一个用 Python 语言开发的图论与复杂网络建模工具，内置了常用的图与复杂网络分析算法，可以方便地进行复杂网络数据分析、仿真建模等工作。

使用 networkx 库绘制网络图时，常用 node 表示节点，用 cycle 表示环（环通常是封闭的），用 edges 表示边。

【例 6-1】　使用 networkx 库绘制网络图，代码如下。

```
from matplotlib import pyplot as plt
import networkx as nx
G=nx.Graph()
G.add_nodes_from([1,2,3])
G.add_edges_from([(1,2),(1,3)])
nx.draw_networkx(G)
plt.show()
```

其中各语句的含义如下。

- from matplotlib import pyplot as plt：导入 matplotlib 库。
- import networkx as nx：导入 networkx 库。
- G=nx.Graph()：建立无向图。
- G.add_nodes_from([1,2,3])：创建节点 1、2、3。
- G.add_edges_from([(1,2),(1,3)])：添加边集合（2,3）和（1,3）。
- nx.draw_networkx(G)：绘制图形。
- plt.show()：显示图形。

程序运行结果是一个无向网络图，如图 6-24 所示。

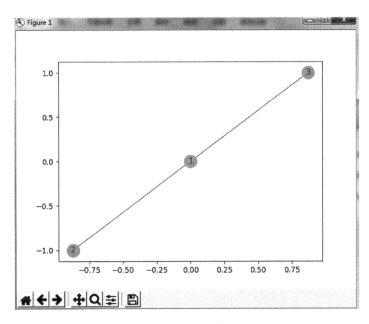

图 6-24　无向网络图

6.2.3　空间信息可视化

1．空间信息可视化的定义

空间信息可视化是指运用计算机图形图像处理技术，将复杂的科学现象和自然景观及一些抽象概念图形化的过程。空间信息可视化常用地图学、计算机图形图像技术等，将信息输入、查询、分析、处理，采用图形、图像，结合图表、文字、报表，以可视化形式实现交互处理和显示。

空间信息可视化是以可视化的方式显示输出空间信息，通过视觉传输和空间认知活动，去探索空间事物的分布及相互关系，以获取有用的知识，并进而发现规律。

空间信息可视化的主要表现形式有地图、多媒体信息、动态地图、三维仿真地图及虚拟现实等。

1）地图是空间信息可视化的最主要形式，也是最古老的形式。

2）多媒体信息使用文本、图形、图像、声音、录像、音频、视频等各种形式综合、形象地表现空间信息，是空间信息可视化的重要形式。

3）动态地图是一种处于运动状态的数字地图，借助于计算机综合处理多种媒体信息的功能，将文字、图形、图像、声音、动画及视频技术相结合，使多种信息有逻辑地连接并集成一个有机的具有人性化操作界面的空间信息传输系统。

4）三维仿真地图利用地图动画技术，直观而又逼真地显示地理实体运动变化的规律和特点。

5）虚拟现实以视觉为主，也结合听、触、嗅甚至味觉来感知环境，使人们犹如进入真实的地理空间环境之中并与之交互。除了对三维空间和一维时间仿真外，还包含对自然交互方式的仿真。

2．空间信息可视化的实现

在空间信息可视化的实现中经常要使用到 3D 图形，3D 图形可以让空间信息的展现变得真实。

在 Python 中可以通过导入 Axes3D 库来绘制 3D 图形。图 6-25 所示为绘制的 3D 螺旋图，图 6-26 所示为绘制的 3D 直方图。

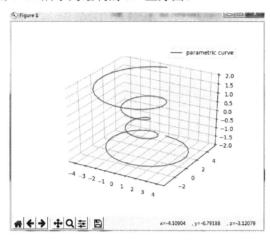

图 6-25　3D 螺旋图

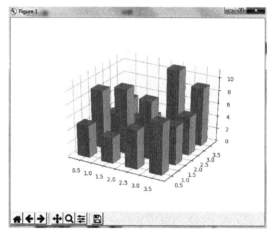

图 6-26　3D 直方图

3．空间信息可视化的应用

空间信息可视化的应用十分广泛，已经涉及大多数国民经济行业。图 6-27 所示为使用空间信息可视化展示的多媒体信息，图 6-28 所示为动态地图。

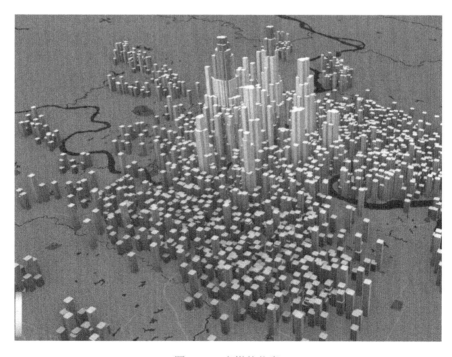

图 6-27　多媒体信息

图 6-28　动态地图

6.3　大数据可视化工具

6.3.1　Excel

1. Excel 介绍

Excel 是微软公司为使用 Windows 和 Macintosh 操作系统的计算机用户编写的一款电子表格软件。直观的界面、出色的计算功能和图表工具，再加上成功的市场营销，使 Excel 成为当前较流行的个人计算机数据处理软件之一。

作为一个入门级工具，Excel 拥有强大的函数库，是快速分析数据的理想工具，也能创建供内部使用的数据图。但是 Excel 的图形化功能并不强大，并且在制作可视化图表时，在图表的颜色、线条和样式上可选择的范围有限，这也意味着用 Excel 很难制作出能符合专业出版物和网站需要的数据图。

图 6-29 所示为 Excel 可视化图表。

2. Excel 实例

使用 Excel 制作图表的步骤如下。

1）选择数据源。

2）插入图表。

3）选择合适的图表。

【例6-2】 制作Excel图表，步骤如下。

1）在Excel2007中输入数据，如表6-1所示。

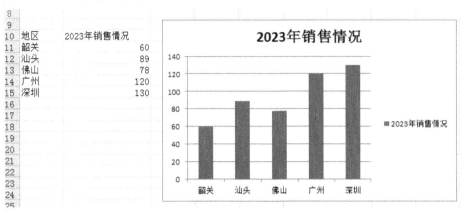

图6-29 Excel可视化图表

表6-1 Excel数据

月份	销售额
1月	¥325 768
2月	¥330 254
3月	¥300 469
4月	¥331 125
5月	¥342 389
6月	¥350 017

2）选中需要转换的数据源，选择"插入"→"图表"菜单命令，弹出"插入图表"对话框，如图6-30所示。

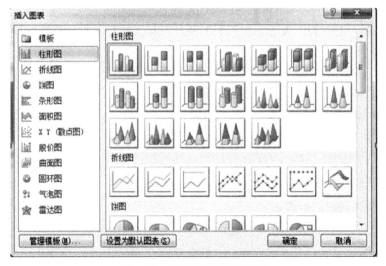

图6-30 "插入图表"对话框

3）挑选合适的图表类型，本例中选择"柱形图"，然后单击"确定"按钮，即可查看生成的图表，如图 6-31 所示。

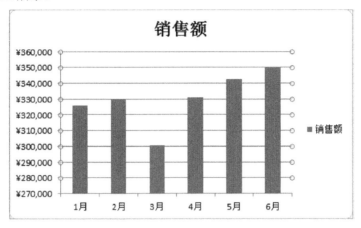

图 6-31　生成的柱形图

6.3.2　ECharts

1. ECharts 介绍

ECharts 是一个使用 JavaScript 实现的开源可视化库，可以流畅地运行在个人计算机和移动设备上，并能够兼容当前绝大部分浏览器。在功能上，ECharts 可以提供直观、交互丰富、可高度个性化定制的数据可视化图表。想要使用 ECharts，必须从其官方网站中下载开源版本，然后才能绘制各种图表。

下载到本地的 ECharts 文件是个名为 echarts.min 的 Script 文件，在编写网页文档时将该文件放入 HTML 页面中即可制作各种 ECharts 开源图表。

2. ECharts 实例

使用 ECharts 制作图表的步骤如下。

1）新建 HTML 页面。

2）在 HTML 页面头部中导入 JS 文件。

3）在 HTML 页面正文中用 JavaScript 代码实现图表显示。

【例 6-3】　制作 ECharts 图表，代码如下。

```
<!DOCTYPE html>
<html>
    <head>
      <meta charset="utf-8">
      <title>ECharts</title>
        <script src="echarts.min.js"></script>
    </head>
<body>
        <div id="main" style="width: 800px;height:800px;"></div>
          <script type="text/javascript">
```

```
var myChart=echarts.init(document.getElementById('main'));
    var option = {
title: {
    text: 'ECharts 实例'
},
xAxis: {
    data: ["语文","数学","英语","地理","生物","化学"]
},
yAxis: {},
series: [{
    name: '分数',
    type: 'bar',
    data: [75, 80, 76, 90, 80, 60]
}]
};
myChart.setOption(option);
</script>
</body>
</html>
```

其中各语句的含义如下。

● <script src="echarts.min.js"></script>：引入 echarts.js。

● <div id="main" style="width: 800px;height:800px;"></div>：定义图表的大小和样式。

● var myChart = echarts.init(document.getElementById('main'))：初始化 echarts 实例。

● title：定义图表标题。

● xAxis：定义图表横坐标。

● yAxis：定义图表纵坐标。

● series：定义图表显示效果，如 "type: 'bar',"表示将图表显示为柱状图。

● myChart.setOption(option)：使用刚指定的配置项和数据显示图表。

程序运行结果如图 6-32 所示。

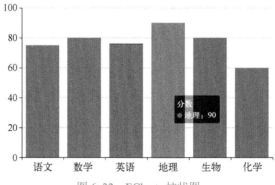

图 6-32　ECharts 柱状图

值得注意的是，在语句 "series:" 中，"name: '分数',"表示显示的柱状图的属性是分数，"data: [75, 80, 76, 90, 80, 60]"表示每个柱状图的值，也就是图中柱的高度值。

6.3.3 R 语言

1. R 语言介绍

使用可视化工具的目的是让开发者的工作变得简单而高效，但是如果能掌握一门以上的编程语言，则可视化设计会变得更加容易。

R 是属于 GNU 系统的一个自由、免费、源代码开放的软件，主要用于统计分析和绘图。R 是由数据操作、计算和图形展示功能整合而成的套件，包括有效的数据存储和处理功能，一套完整的数组（特别是矩阵）计算操作符，拥有完整体系的数据分析工具，为数据分析和显示提供的强大图形功能。

R 是一个免费的自由软件，它有 UNIX、Linux、macOS 和 Windows 版本，都是可以免费下载和使用的。在 R 的安装程序中只包含了 8 个基础模块，其他外在模块可以通过 CRAN 获得。

R 在 Windows 平台上安装非常简单，打开 R 官网（https://cran.r-project.org/bin/windows/base/）页面，选中所需版本，直接下载安装即可使用。R 安装完成后，会在桌面上会出现一个 R 语言的图标，双击就可以进入 R 的交互模型，R 运行界面如图 6-33 所示。

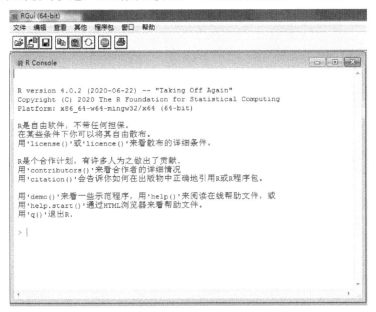

图 6-33　R 运行界面

本书中使用的 R 版本为 4.0.2，读者可自行下载最新的 R 版本安装使用。

2. R 可视化实例

R 主要是以命令行操作，同时有人开发了几种图形用户界面。图 6-34 显示了 R 可视化作品。使用 plot( )函数绘制散点图。

```
> x <- c(2,5,1,3,4,1,5,3,4,2)  #广告投入
> y <- c(50, 57, 41, 51, 54, 38, 63, 48, 59, 46)  #销售额
> plot(x, y, xlab = "广告投入(万元)", ylab = "销售额(百万元)", main = "广告投入与销售额的关系")
```

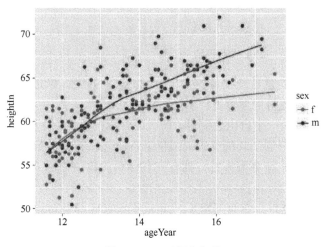

图 6-34　R 可视化作品

该例在 R 中运行代码如图 6-35 所示，该例显示了广告投入与销售额之间的关系，运行结果如图 6-36 所示。

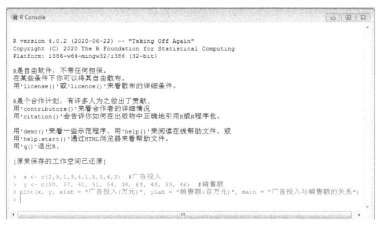

图 6-35　在 R 中运行代码

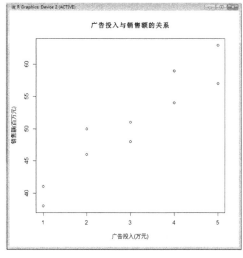

图 6-36　散点图

6.4　大数据可视化技术的应用

6.4.1　大数据可视化的应用场景

大数据可视化技术的应用领域十分广泛。从应用场景特征上看，可视化系统一般可以分为三类，第一类是监测指挥，即指挥监控中心；第二类是分析研判，与分析人员有关系，常用于特定的交互分析环境，更偏向业务应用的场景；第三类是汇报展示，面向汇报工作的场景使用。

大数据可视化的特征描述如表 6-2 所示。

表 6-2　大数据可视化的特征描述

功能特征	使用人群特征	应用场景特征
艺术呈现	运维监测人员	监测指挥
高效传达	分析调查人员	分析研判
自由探索	指挥决策人员	汇报展示

6.4.2　大数据可视化技术的行业应用

1．大数据可视化技术在金融业中的应用

在当今互联网金融竞争激烈的环境下，市场形势瞬息万变，金融行业面临诸多挑战。通过引入数据可视化可以对金融企业各地的日常业务动态实时掌控，对客户数量和借贷金额等数据进行有效监管，帮助企业实现数据实时监控，加强对市场的监督和管理；通过对核心数据多维度的分析和对比，指导金融企业科学调整运营策略，制定发展方向，不断提高企业的风控管理能力和竞争力。

2．大数据可视化技术在工业生产中的应用

大数据可视化在工业生产中有着重要的应用，如可视化智能硬件的生产与使用。可视化智能硬件通过软硬件结合的方式，让设备拥有智能化的功能，并对从硬件上采集来的数据进行可视化的呈现。因此在智能化之后，硬件就具备了大数据等附加价值。随着可视化技术的不断发展，今后智能硬件从可穿戴设备延伸到智能电视、智能家居、智能汽车、医疗健康、智能玩具、智能机器人、智能交通、智能教育等各个不同的领域。

3．大数据可视化技术在现代农业中的应用

随着科学技术的不断发展，农业也在智能化方向上不断发展。可以通过物联网设备来监控农产品的生长过程；将数据信息公开透明地展示给消费者，让消费者买得放心、吃得安心；此外，将大数据可视化技术应用在农业中，还可以帮助生产者更好地在网上销售农产品。因此，智慧农业数据可视化已经成为一种新的发展趋势。

值得注意的是，大数据可视化技术不仅可以应用在现代农业的生产流程当中，同样可以应用在休闲农业、旅游农业等互联网农业发展项目中。这些更加灵活、更加亲民的应用方式，不但可以给原有的业务增添新的亮点，而且能够让可视农业的新概念得到快速普及。图 6-37 所示为大数据可视化技术在现代农业中的应用。

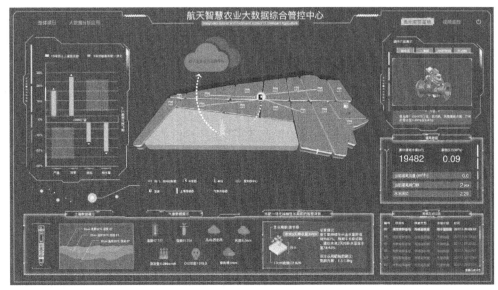

图 6-37　大数据可视化技术在现代农业中的应用

4. 大数据可视化技术在医疗中的应用

大数据可视化可以帮助医院把之前分散、凌乱的数据加以整合，构建全新的医疗管理体系模型，帮助医院管理者快速解决所关注的问题，如整合门诊数据、用药数据、疾病数据等。此外，大数据可视化还可以应用于诊断医学以及一些外科手术中的精确建模，通过三维图像的建立，帮助医生确定是否进行外科手术或进行何种手术。不仅如此，大数据可视化还可以加快临床上对疾病预防、流行疾病防控等的预测和分析能力。图 6-38 所示为大数据可视化技术在医疗中的应用。

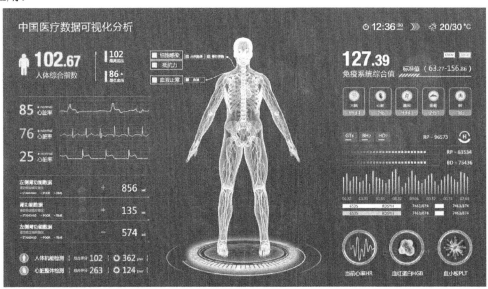

图 6-38　大数据可视化技术在医疗中的应用

5．大数据可视化技术在教育科研中的应用

在人们对教育科研越来越重视的情况下，可视化教学也在逐渐替代传统的教学模式。可视化教学是指在计算机软件和多媒体技术的帮助下，将被感知、被认知、被想象、被推理的事物及其发展变化的过程用仿真化、模拟化、形象化及现实化的方式在教学过程中尽量显示。在可视化教学中，知识可视化能帮助学生更好地获取、存储、重组知识，并能将知识迁移到应用，促进多元思维的养成，帮助学生更好地关注知识本身的联系和对本质的探求，减少教学方式带来的信息损耗，提高有效认知。图 6-39 所示为大数据可视化技术在教育科研中的应用。

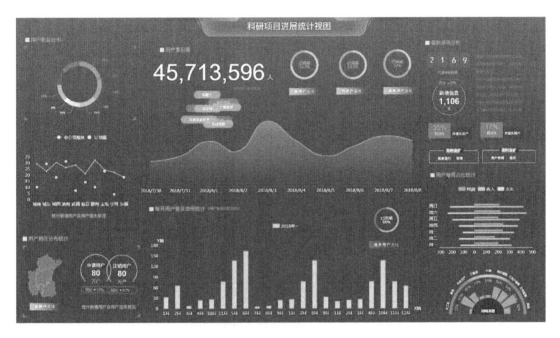

图 6-39　大数据可视化技术在教育科研中的应用

6．大数据可视化技术在电子商务中的应用

大数据可视化技术在电子商务中有着极其重要的作用。对于电商企业而言，针对商品展开数字化的分析是企业日常运营的必要工作。通过可视化的展示，可以为企业销售策略的实施提供可靠的保证。现如今数据可视化的营销方式可以帮助电商企业跨数据源整合数据，极大地提高了数据分析能力。通过快速进行数据整合，成功定位忠诚度高的客户，从而制定精准化营销策略；通过挖掘数据，预测分析客户的购物习惯，提前获悉市场变化，提高企业竞争力。

7．大数据可视化技术在人工智能中的应用

大数据可视化是一个从最初的数据获取到最后的结果呈现的整个过程，与人工智能相结合将发挥更加巨大的作用。特别是可视化技术与人工智能 2.0 的深度融合，可应用于与大数据相关的获取、清洗、建模、数据分析与呈现等一系列过程。此外，在深度学习中，数据可视化将在深度学习的展示、解释、调节、验证等方面发挥关键作用。

6.5 实训1 阅读并分析大数据可视化图表

1. 实训目的

通过本实训，能够阅读可视化图表并了解其中的数据含义。

2. 实训内容

仔细观察图 6-40，指出该图表的应用领域，并快速指出哪一个月的降水量最高，哪一个月的平均温度最高。

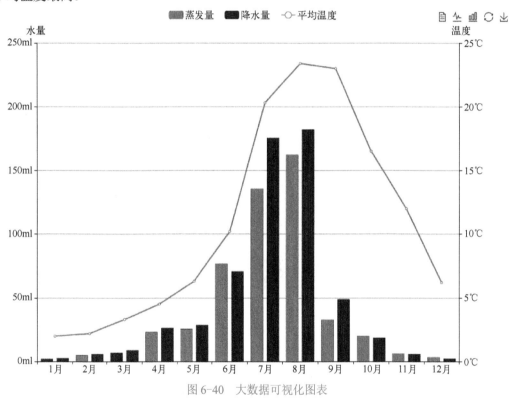

图 6-40　大数据可视化图表

6.6 实训2 上网查找大数据可视化资料

1. 实训目的

通过本实训了解大数据可视化的特点，能够进行与大数据可视化有关的简单操作，能够识别不同的图表类型。

2. 实训内容

上网查找资料，了解大数据可视化在交通运输、城市管理、地震预报、工业制造等领域的应用，并查看相关的图表。

6.7 实训 3 绘制流程图

1.实训目的

通过本实训了解流程图的特点，能够绘制简单的流程图。

2.实训内容

流程图也称工作流程图，主要用于显示流程中各环节的顺序。图 6-41 所示为一个流程图示例。

请自行寻找素材设计流程图。

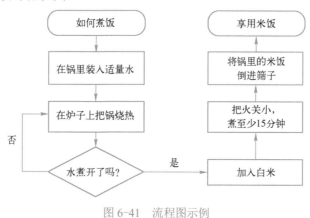

图 6-41　流程图示例

6.8 实训 4 绘制可视化图表

1.实训目的

通过本实训了解 ECharts 可视化的特点，能够通过编写代码制作可视化图表。

2.实训内容

学会使用 ECharts 制作可视化图表。

制作 ECharts 散点图，代码如下。

```
<!DOCTYPE html>
<html>
 <head>
    <meta charset="utf-8">
    <title>ECharts</title>
    <script src="echarts.min.js"></script>
 </head>
```

```
<body>
    <div id="main" style="width: 600px;height:400px;"></div>
    <script type="text/javascript">
    var myChart=echarts.init(document.getElementById('main'));
    //指定图表的配置项和数据
    option = {
        xAxis: {},
        yAxis: {},
        series: [{
            symbolSize: 30,
            data: [
                    [1, 2],
                    [8.0, 6.95],
                    [13.0, 7.58],
                    [9.0, 8.81],
                    [11.0, 8.33],
                    [14.0, 9.96],
                    [6.0, 7.24],
                    [4.0, 4.26],
                    [12.0, 14],
                    [7.0, 4.82],
                    [5.0, 5.68]
                ],
                type: 'scatter'
            }]
        };
        myChart.setOption(option);
    </script>
</body>
</html>
```

其中各语句的含义如下。

● symbolSize: 30：设置散点的大小。

● data：设置每个点的坐标值，如[1, 2]表示该点的横坐标为 1，纵坐标为 2。

程序运行结果如图 6-42 所示。

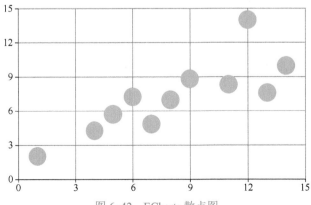

图 6-42　ECharts 散点图

本章小结

1）大数据可视化是关于数据视觉表现形式的科学技术研究，它为大数据分析提供了一种更加直观的挖掘、分析与展示的手段，从而让大数据更有意义。

2）大数据可视化是一个系统的流程，该流程以数据为基础，以数据流为导向，包括数据采集、数据处理、可视化映射和用户感知等环节。

3）在统计图表中，每一种类型的图表都可包含不同的数据可视化图形，如柱状图、K 线图、饼图、折线图、散点图、气泡图、雷达图、面积图、密度图、热力图、趋势图、直方图、色块图、漏斗图、和弦图等。

4）大数据可视化的方法包括文本可视化、网络可视化和空间信息可视化。

5）大数据可视化的工具较多，有开源的，也有收费的。

6）大数据可视化在各个行业中都有着十分广泛的应用。

习题 6

简答题

1. 请阐述什么是大数据可视化。
2. 大数据可视化的流程是什么？
3. 大数据可视化图表有哪些？
4. 大数据可视化的方法有哪些？
5. 大数据可视化有哪些应用？

第7章 数据治理

本章学习目标

- 了解数据治理的概念。
- 了解数据治理涉及的领域。
- 了解数据治理项目的实施流程与关键因素。
- 了解常见的数据治理工具。

7.1 数据治理概述

7.1.1 认识数据治理

数据治理概述

1. 数据治理介绍

数据为人类社会带来机遇的同时也带来了风险，围绕数据产权、数据安全和隐私保护的问题也日益突出，并催生了一个全新的命题——数据治理。

大数据治理的核心是为业务提供持续的、可度量的价值。工业界 IBM 数据治理委员会给数据治理的定义如下：数据治理是一组流程，用来改变组织行为，利用和保护企业数据，将其作为一种战略资产。而学术界则将数据治理定义为一个指导决策确保企业的数据被正确使用的框架。

综合来看，数据治理是指从使用零散数据变为使用统一数据、从具有很少或没有组织流程到企业范围内的综合数据管控、从数据混乱状况到数据井井有条的一个过程。数据治理强调的是一个过程，是一个从混乱到有序的过程。从范围来讲，数据治理涵盖了从前端业务系统、后端业务数据库再到业务终端的数据分析，从源头到终端再回到源头形成的一个闭环负反馈系统。从目的来讲，数据治理就是要对数据的获取、处理和使用进行监督管理。具体一点来讲，数据治理就是以服务组织战略目标为基本原则，通过组织成员的协同努力，流程制度的制定，以及数据资产的梳理、采集清洗、结构化存储、可视化管理和多维度分析，实现数据资产价值获取、业务模式创新和经营风险控制的过程。具体来说，数据治理是一个过程，是逐步实现数据价值的过程。图 7-1 为数据治理发展战略，数据治理是一个长期的过程。

随着大数据在各个行业领域应用的不断深入，数据作为基础性战略资源的地位日益凸显，数据标准化、数据确权、数据质量、数据安全、隐私保护、数据流通管控、数据共享开放等问题越来越受到国家、行业、企业各个层面的高度关注，这些内容都属于数据治理的范畴。数据治理是目前大数据产业生态系统中的新热点。

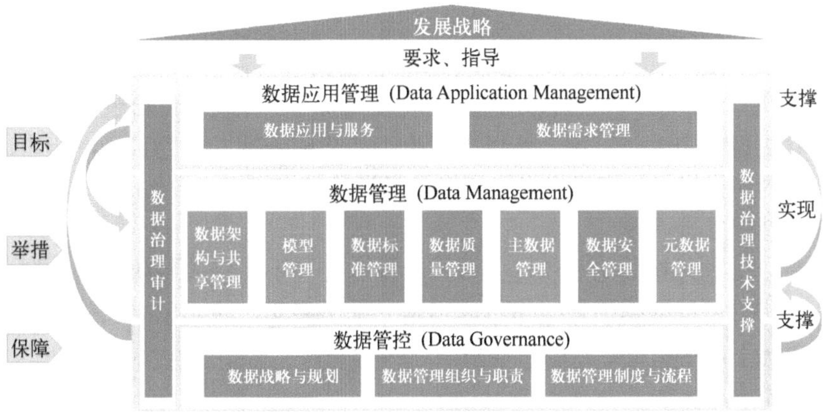

图 7-1 数据治理发展战略

2. 数据治理的主要工作

现代社会，数据是公司的资产，组织必须从中获取业务价值，最大限度地降低风险并寻求方法进一步开发和利用数据。数据治理的目标是提高数据的质量（准确性和完整性），保证数据的安全性（保密性、完整性及可用性），实现数据资源在各组织机构部门的共享；推进信息资源的整合、对接和共享，从而提升集团公司或政务单位信息化水平，充分发挥信息化作用。

一般来说，数据治理主要包括以下三部分工作。

1）定义数据资产的具体职责和决策权，应用角色分配决策需要执行的确切任务和规范活动。

2）为数据管理实践制定企业范围的原则、标准、规则和策略。数据的一致性、可信性和准确性对于确保增值决策至关重要。

3）建立必要的流程，以提供对数据的连续监视和控制实践并帮助在不同组织职能部门之间执行与数据相关的决策。

实施数据治理能够有效帮助企业利用数据建立全面的评估体系，实现业务增长；通过数据优化产品，提升运营效率，真正实现数据系统赋能业务系统，提升以客户为中心的数字化体验能力，实现生意的增长。

不过值得注意的是：数据治理不是一个临时性的运动，从业务发展、数据治理意识形成、数据治理体系运行的角度，需要一个长效机制来进行保证。在大数据时代，经过治理的数据可以发挥更大的作用。

3. 数据治理面临的主要问题

数据治理不只是技术问题，更是一个管理问题。例如常见的项目管理系统只是一个工具，如何让项目管理工具与项目管理思想相匹配才是项目管理系统实施过程中的最大挑战。数据治理也是同样的道理。

当前，企业在实施数据治理时面临的问题主要有以下几个。

（1）跨组织的沟通协调问题

数据治理是一个组织的全局性项目，需要 IT 部门与业务部门的倾力合作和支持，需要各个部门站在组织战略目标和组织长远发展的视角来看待数据治理。因此，数据治理项目需要得到组织高层的支持，在条件允许的情况下，成立以组织高层牵头的虚拟项目小组，会让数据治理项目事半功倍。

（2）投资决策的困难

组织的投资决策以能够产生可预期的建设成效为前提，但往往综合性数据治理的成效并不能立马体现，它更像一个基础设施，是以支撑组织战略和长期发展为目标，所以，此类项目无法界定明确的边界和目标，从而难以做出明确的投资决策。

（3）工作的持续推进问题

数据治理是以支撑组织战略和长远发展为目标，应当不断吸收新的数据来源，持续追踪数据问题并不断改进，所以数据治理工作不应当是一锤子买卖，应当建立长效的数据改进机制，并在有条件的情况下，尽量自建数据治理团队。

（4）技术选型困难

近年来，随着大数据技术的不断发展，各种新名词层出不穷，令人眼花缭乱。例如，数据仓库、ETL、元数据、主数据、血缘追踪、资源目录、结构化非结构化、Hadoop、Spark、联机事务处理（OLTP）、联机分析处理（OLAP）、商业智能（BI）等。这里面有针对传统数据库的，有针对大数据数据库的，再加上组织对自身数据资产情况没有一个清晰的认识，这也就导致了数据治理的技术选型困难。

7.1.2 数据治理涉及的领域

数据治理不仅需要完善的保障机制，还需要理解具体的治理内容，比如企业数据该如何进行规范，元数据又该如何管理，每个过程需要哪些系统或者工具来进行配合？这些问题都是数据治理过程中最实际的问题，也是最复杂的问题。因此，数据治理是专注于将数据作为企业的商业资产进行应用和管理的一套管理机制，它能够消除数据的不一致性，建立规范的数据应用标准，提高组织的数据质量，实现数据广泛共享，并能够将数据作为组织的宝贵资产应用于业务、管理、战略决策中，发挥数据资产的商业价值。

目前常见的数据治理涉及的领域主要包括：数据资产、数据模型、元数据与元数据管理、数据标准、主数据与主数据管理、数据质量管理、数据管理生命周期、数据存储、数据交换、数据集成、数据安全、数据服务、数据价值、数据开发和数据仓库。在数据治理时，各领域需要有机结合，如数据标准、元数据、数据质量等几个领域相互协同和依赖。例如，通过数据标准的管理，可以提升数据合法性、合规性，进一步提升数据质量，减少数据生产问题；在元数据管理的基础上，可进行数据生命周期管理，有效控制在线数据规模，提高生产数据访问效率，减少系统资源浪费；通过元数据和数据模型管理，将数据资源按主题进行分类，可明确当事人、产品、协议等相关数据的主数据源归属、数据分布情况，有效实施数据分布的规划和治理。因此，数据治理领域是随着企业业务发展而不断变化的，领域之间的关系也需要不断深入挖掘和分布，最终形成一个相互协同与验证的领域网，全方位地提升数据治理成效。

（1）数据资产

随着大数据时代的来临，对数据的重视被提到了前所未有的高度，"数据即资产"已经被广泛认可。数据就像企业的根基，是各企业尚待发掘的财富，即将被企业广泛应用。数据资产可定义为企业过去的交易或者事项形成，由企业拥有或者控制，预期会给企业带来经济利益，以物理或电子的方式记录的数据资源，如文件资料、电子数据等。不过值得注意的是，在企业中，并非所有的数据都构成数据资产，数据资产是能够为企业产生价值的数据资源。因此，只有那些能够给企业带来可预期经济收益的数据资源，才能够被称为数据资产。图 7-2 显示了数据资产常见的管理过程。

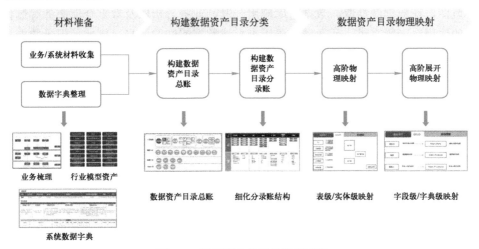

图 7-2　数据资产常见的管理过程

（2）数据模型

数据模型是数据治理中的重要部分。理想的数据模型应该具有非冗余、稳定、一致、易用等特征。逻辑数据模型能涵盖整个集团的业务范围，以一种清晰的表达方式记录跟踪集团单位的重要数据元素及其变动，并利用它们之间各种可能的限制条件和关系来表达重要的业务规则。为了满足将来不同的应用分析需要，数据模型必须在设计过程中保持统一的业务定义，逻辑数据模型的设计应该能够支持最小粒度的详细数据的存储，以支持各种可能的分析查询；同时保障逻辑数据模型能够最大程度上减少冗余，并保障结构具有足够的灵活性和扩展性。

数据模型设计实例如图 7-3 所示。

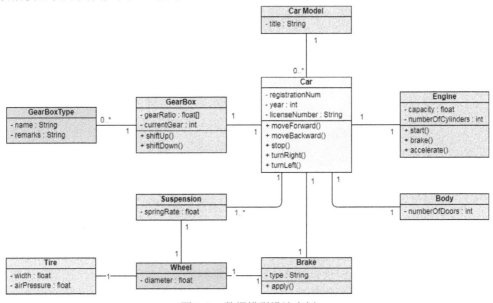

图 7-3　数据模型设计实例

（3）元数据与元数据管理

元数据，又称中介数据、中继数据，是描述数据的数据，是数据仓库的重要构件，是数据仓库的导航图，在数据源抽取、数据仓库应用开发、业务分析以及数据仓库服务等过程中都发挥着重要的作用。一般来讲，元数据主要用来描述数据属性的信息，例如，记录数据仓库中模型的定义、各层级间的映射关系、监控数据仓库的数据状态及 ETL 的任务运行状态等。因此，元数据是对数据本身进行描述的数据，或者说，它不是对象本身，它只描述对象的属性，就是一个对数据自身进行描绘的数据。

元数据管理的目的是厘清元数据之间的关系与脉络，规范元数据设计、实现和运维的全生命周期过程。有效的元数据管理为技术与业务搭建了桥梁，为系统建设、运维、业务操作、管理分析和数据管控等工作的开展提供重要指导。

简单来说，企业可以尝试以下步骤进行大数据的元数据管理。

1）考虑到企业可以获取数据的容量和多样性，应该创建一个体现关键大数据业务术语的业务定义词库（本体），该业务定义词库不仅仅包含结构化数据，还可以将半结构化和非结构化数据纳入其中。

2）及时跟进和理解各种大数据技术中的元数据，提供对其连续、及时的支持，比如 MPP 数据库、流计算引擎、Apache Hadoop/企业级 Hadoop、NoSQL 数据库以及各种数据治理工具，如审计/安全工具、信息生命周期管理工具等。

3）对业务术语中的敏感大数据进行标记和分类，并执行相应的大数据隐私政策。

4）将业务元数据和技术元数据进行链接，可以通过操作元数据（如流计算或 ETL 工具所生成的数据）监测大数据的流动；可以通过数据世系分析（血缘分析）在整个信息供应链中实现数据的正向追溯或逆向追溯，了解数据都经历了哪些变化，查看字段在信息供应链各组件间转换是否正确等；可以通过影响分析了解具体某个字段的变更会对信息供应链中其他组件中的字段造成哪些影响等。

5）扩展企业现有的元数据管理角色，以适应大数据治理的需要，比如可以扩充数据治理管理者、元数据管理者、数据主管、数据架构师以及数据科学家的职责，加入大数据治理的相关内容。

图 7-4 显示了使用血缘分析来实现元数据管理。血缘分析（也称血统分析）是指从某一实体出发，往回追溯其处理过程，直到数据系统的数据源接口。图 7-4 描述了数据血缘关系的层次。

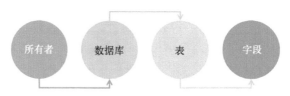

图 7-4　数据血缘关系的层次

（4）数据标准

数据标准是指对数据的表达、格式及定义的一致约定，包括数据业务属性、技术属性和管理属性的统一定义。其中业务属性包括中文名称、业务定义、业务规则等，技术属性包括数据类型、数据格式等，管理属性包括数据定义者、数据管理者等。因此，对于数据标准的定义通俗地讲就是给数据一个统一的定义，让各系统的使用人员对同一指标的理解一致。图 7-5 显示了企业数据标准梳理的步骤。

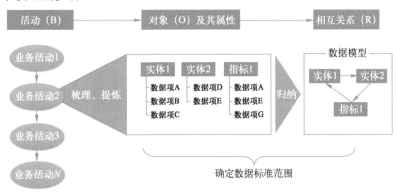

图 7-5　数据标准梳理的步骤

从图 7-5 可以看出，企业进行数据标准梳理时，首先对企业业务域进行定义，并对每个业务域中的业务活动进行梳理，同时需要收集各类业务单据、用户视图，梳理每个单据和用户视图的数据对象。其次，针对数据对象进行分析，明确每个数据实体所包含的数据项，同时，梳理并确定出该业务域中所涉及的数据指标和指标项。接着梳理和明确所有数据实体、数据指标的关联关系，并对数据之间的关系进行标准化定义。最后通过以上梳理、分析和定义，确定出主数据标准管理的范围。

（5）主数据与主数据管理

主数据是用来描述企业核心业务实体的数据，它是具有高业务价值、可以在企业内跨越各个业务部门被重复使用的数据，并且存在于多个异构的应用系统中。需要注意的是，主数据不是企业内所有的业务数据，而是有必要在各个系统间共享的数据，比如大部分的交易数据、账单数据等都不是主数据，而描述核心业务实体的数据，如客户、供应商、账户、组织单位、员工、合作伙伴、位置信息等都是主数据。因此，主数据通常是企业内能够跨业务重复使用的高价值的数据，这些主数据在进行主数据管理之前经常存在于多个异构或同构的系统中。

主数据管理要做的就是从各部门的多个业务系统中整合最核心、最需要共享的数据（主数据），集中进行数据的清洗和丰富，并且以服务的方式把统一的、完整的、准确的、具有权威性的主数据传送给组织范围内需要使用这些数据的操作型应用系统和分析型应用系统。

（6）数据质量管理

大数据应用必须建立在质量可靠的数据之上才有意义，建立在低质量甚至错误数据之上的应用有可能与其初心南辕北辙、背道而驰。数据质量就是确保组织拥有的数据完整且准确，只有完整、准确的数据才可以供企业分析、共享使用。

数据质量管理是指对数据从计划、获取、存储、共享、维护、应用、消亡等生命周期的每个阶段里可能引发的各类数据质量问题，进行识别、度量、监控、预警等一系列管理活动，并通过改善和提高组织的管理水平使得数据质量获得进一步提高。数据质量管理是企业数据治理的一个重要组成部分，企业数据治理的所有工作都是围绕提升数据质量目标而开展的。数据质量管理已经成为企业数据治理的有机组成部分，完善的数据质量管理是保障各项数据治理工作能够得到有效落实，达到数据准确、完整的目标，并能够提供有效的增值服务的重要基础。

由于数据质量问题会发生在各个阶段，因此需要明确各个阶段的数据质量管理流程。例如，在需求和设计阶段就需要明确数据质量的规则定义，从而指导数据结构和程序逻辑的设计；在开发和测试阶段则需要对前面提到的规则进行验证，确保相应的规则能够生效；最后在投产后要有相应的检查，从而将数据质量问题尽可能消灭在萌芽状态。数据质量管理措施宜采用控制增量、消灭存量的策略，有效控制增量，不断消除存量。图 7-6 显示了数据质量管理流程。

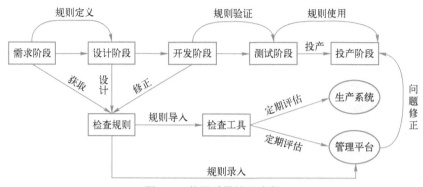

图 7-6　数据质量管理流程

（7）数据管理生命周期

任何事物都具有一定的生命周期，数据也不例外。从数据的产生、加工、使用到消亡都应该有一个科学的管理办法，将极少或者不再使用的数据从系统中剥离出来，并通过合适的存储设备进行保留，这样不仅能够提高系统的运行效率，更好地服务客户，还能大幅度减少因为数据长期保存带来的储存成本。数据管理生命周期一般包括数据生成及传输、数据存储、数据处理及应用、数据销毁四个方面。

（8）数据存储

企业只有对数据进行合理的存储，有效地提高数据的共享程度，才能尽可能地减少数据冗余带来的存储成本。数据存储作为大数据的核心环节之一，可以理解为方便对既定数据内容进行归档、整理和共享的过程。

（9）数据交换

数据交换是企业进行数据交互和共享的基础，合理的数据交换体系有助于企业提高数据共享程度和数据流转时效。从功能上讲，数据交换用于实现不同机构、不同系统之间数据或者文件的传输和共享，提高信息资源的利用率，保证了分布在异构系统之间信息的互联互通，完成数据的收集、集中、处理、分发、加载、传输，构造统一的数据及文件的传输交换。

（10）数据集成

数据集成是把不同来源、格式、特点性质的数据在逻辑上或物理上有机地集中，从而为企业提供全面的数据共享。数据集成的核心任务是要将互相关联的异构数据源集成到一起，使用户能够以透明的方式访问这些数据资源。因此，数据集成可对数据进行清洗、转换、整合、模型管理等处理工作，它既可以用于问题数据的修正，也可以用于为数据应用提供可靠的数据模型。

（11）数据安全

企业重要且敏感的数据大部分集中在应用系统中，如客户的联络信息、资产信息等，如果不慎泄露，不仅给客户带来损失，也会给企业自身带来不利的声誉影响，因此数据安全在数据管理和治理过程中是相当重要的。数据安全主要提供数据加密、脱敏、模糊化处理、账号监控等各种数据安全策略，确保数据在使用过程中有恰当的认证、授权、访问和审计等措施。

（12）数据服务

数据服务是指针对内部积累多年的数据，研究如何能够充分利用这些数据，分析行业业务流程，优化业务流程。数据使用的方式通常包括对数据的深度加工和分析，通过各种报表、工具来分析运营层面的问题，还包括通过数据挖掘等工具对数据进行深度加工，从而更好地为管理者服务。此外，企业还可以通过建立统一的数据服务平台来统一数据源，变多源为单源，加快数据流转速度，提升数据服务的效率，来满足针对跨部门、跨系统的数据应用。

（13）数据价值

数据价值是数据治理最重要的产出物，通过数据治理能为业务带来的业务价值。在企业中数据价值通常体现在对不同数据角色定义不同的价值，对于数据业务分析人员，通过数据标准化管理和平台搭建，让不懂数据的业务人员能够快速掌握数据，并可以自己进行数据挖掘、数据分析等工作。

（14）数据开发

数据开发是数据治理的核心组成部分之一。数据开发涉及从数据源获取数据，到清洗、转换、加载、存储和最终分析数据的整个生命周期。

（15）数据仓库

数据仓库是决策支持系统和联机分析应用数据源的结构化数据环境，它出于企业的分析性报告和决策支持目的而创建，并对多样的业务数据进行筛选与整合。数据仓库研究和解决从数据库中获取信息的问题，并为企业所有级别的决策制定过程提供所有类型数据支持的战略集合。

7.2 数据治理的实施与关键因素

7.2.1 数据治理项目的实施

1. 数据治理项目的实施原则

如今诸多企业已经认识到了数据治理的重要性，将数据治理项目提上了日程。不过，数据治理应该从哪里入手，数据治理会带来什么样的效果，这是由企业自身的发展阶段决定的。在企业推进数据治理项目时，由于业务部门一般是基于自身的业务点出发，并不会考虑其他部门对数据的需求，这就导致企业内出现了断点式的数据需求，即不同部门的数据局限在本部门的业务当中，想要进行全方位的数据治理是十分困难的。因此，数据治理应该是给业务带来一种理念，是企业数据的整体规划。总体来说，数据治理的价值在于将数据流通起来，既能解决上游的业务需求，又能承接下游部门对数据的应用。

企业的数据治理应当采用"以终为始"的策略，以数据的价值和通用性为判定标准，优先治理业务系统使用的、共用性更强、对业务影响更大的数据。有些数据专用性强，局限于某个领域，短期内不会使用且价值不高，这类数据是没有必要去治理的。基于以上策略，企业在实施数据治理项目时应该以业务需求为主导，支持业务应用识别数据，实现数据治理。数据只有得到有效应用才能产生业务价值，不管是企业建设数据平台，还是实施数据治理（管理）项目，本质上都是为数据运营（应用）服务的。由于数据治理工作本身会产生成本，所以一定要抓住关键数据，确保驱动业务的数据质量不断提升。

通常来讲，企业开展数据治理项目有两个驱动力，一个是数据质量，另一个是数据安全。一方面，企业通过提升数据质量、支撑数据分析和数据应用，为企业决策和运营改善提供支持；另一方面，数据是企业宝贵的资产，关系到企业的生存与发展，因此数据资产的安全也不容忽视。

2. 数据治理项目的实施过程

在数据治理项目推进的过程中，主要会涉及以下几个方面。

（1）组织架构

数据治理项目一定要有组织架构，对于制造型企业来讲，很多人无法理解数据治理能给企业带来什么样的价值，产生什么样的收益。由于在企业的实际运行中，大量的数据来源于业务执行层，而不是管理层，与业务部门讲数据治理具有一定的挑战性，因此推进数据治理，要成立一个自上而下的组织，将数据治理作为一项工作去推动。在实际的数据治理项目实施中，有效的组织机构是项目成功的有力保证，为了达到项目的预期目标，在项目开始之前对组织机构及其责任分工做出规划是非常必要的。建立起合理的数据管理组织和管理体系是关键，如可由数据责任部门、数据使用部门、数据管理部门，数据技术支持部门（IT）构成"四位一体"管理模式。图 7-7 显示了常见的数据治理组织架构。

图 7-7 常见的数据治理组织架构

值得注意的是：在数据治理中除了业务部门，数据管理部门也扮演着重要的角色，它的主要职责是企业数据标准的统一以及架构设计、数据管理相关流程的制定。因此，企业需要建立一个数据的统筹及管理部门来横向拉通。设立的数据管理部门能有效统筹、拉通数据，无论是研发、制造、还是销售，都可以通过制订统一标准形成相关的流程制度，保障数据共享并且落地实施，满足业务对数据的需求。

（2）流程

在企业成立了相关的组织后要制定规范的流程，通过流程将数据治理项目打通，进而执行。通常来讲基本上是先有组织，再有流程。

（3）数据标准

有了组织和流程，就会涉及数据标准这个层面，需要企业考虑数据要遵循什么样的标准，例如，分类标准、属性标准，此外还会涉及历史数据的清理和映射等。

（4）工具（数据平台）

工具也就是数据治理相关的数据平台，具体是指企业的项目推进过程中使用的是哪种平台。谈到数据治理的平台，以现在市面上的技术和系统来看，支撑数据治理已经不是难题了。目前市场上产品种类琳琅满目，企业的选型标准通常是：软件平台的稳定性较好、软件功能与企业业务的匹配程度较好等。

（5）数据治理成熟度评估

数据治理工作的成效如何去量化、衡量一直是个难题。因为企业不可能完全剥离其他因素的影响，单独去判定数据治理的效果。因此，数据质量的相关指标可以作为衡量数据治理各个阶段是否成功的一个重要依据。企业可以按数据质量的七大维度——准确性、完整性、规范性、及时性、唯一性、一致性及关联性，设立相关指标进行分解并划分出级别，对数据治理的效果进行把控。除此之外，企业不妨根据自身数据管理的现状，参照数据管理的成熟度评估模型，制定相应的评估细则，并且由专职的数据管理部门进行数据治理成效评估，通过评估的结果制定数据改善规划，分步骤按计划进行。图 7-8 显示了数据管理能力成熟度评估。

评估等级	初始级	受管理级	稳健级	量化管理级	优化级
分值区间	1.00~1.99	2.00~2.99	3.00~3.99	4.00~4.99	5
等级特征	以项目级体现，缺乏统一的被动式管理	意识到数据的重要性，要求制定相关流程	数据反映组织绩效目标，制定管理体系	数据作为竞争优势的来源量化分析、控制	数据作为竞争生存的基础，持续改进提升

图 7-8　数据管理能力成熟度评估

7.2.2　数据治理的关键因素

1. 数据仓库建模

数据仓库是一个存在已久并且已经面临更替的概念。传统上，因为数据分析、报表加工的需要，将源业务系统的数据采集汇集到数据仓库，通过数据清洗、加工、整合，形成方便后续使用的数据应用。

要成功地建立一个数据仓库，必须有一个合理的数据模型。数据仓库建模是数据仓库建设的关键步骤之一，它通常在业务需求分析之后进行。在创建数据仓库的数据模型时应考虑以下几点：满足不同层次用户的需求；兼顾查询效率与数据粒度的需求；支持用户需求变化；避免业务运营系统性能影响；提供可扩展性。值得注意的是：数据模型的可扩展性决定了数据仓库对新的需求的适应能力，建模既要考虑眼前的信息需求，也要考虑未来的需求。

数据仓库建模的目标是通过建模的方法更好地组织、存储数据，以便在性能、成本、效率和数据质量之间找到最佳平衡点。数据仓库的建模方法有很多种，每一种建模方法代表了哲学上的一个观点，代表了一种归纳、概括世界的方法。常见的有范式建模法、维度建模法、实体建模法等，每种方法从本质上讲是从不同的角度看待业务中的问题。

（1）范式建模法

范式是符合某一种级别的关系模式的集合。构造数据库必须遵循一定的规则，而在关系型数据库中这种规则就是范式，这一过程也被称为规范化。目前关系数据库有 6 种范式：第一范式（1NF）、第二范式（2NF）、第三范式（3NF）、Boyce-Codd 范式（BCNF）、第四范式（4NF）和第五范式（5NF）。

（2）维度建模法

维度模型是数据仓库领域中最流行的数仓建模。维度建模以分析决策的需求出发构建模型，构建的数据模型为分析需求服务，因此它重点解决用户如何更快速完成分析需求，同时还有较好的大规模复杂查询的响应性能。

维度建模中比较重要的概念就是事实表（Fact table）和维度表（Dimension table），其最简单的描述就是，按照事实表、维度表来构建数据仓库、数据集市。事实表描述的是业务过程的事实数据，是要关注的具体内容，每行数据对应一个或多个度量事件。事实表通常有三种类型：事务事实表、周期快照事实表、累积快照事实表。其中事务事实表记录的是事务层面的事实，保存的是最原子的数据，也称"原子事实表"；周期快照事实表以具有规律性的、可预见的时间间隔来记录事实，时间间隔如每天、每月、每年等；累积快照事实表和周期快照事实表有些相似之处，它们存储的都是事务数据的快照信息。但是它们之间也有着很大的不同，周期快照事实表记录确定周期的数据，而累积快照事实表记录不确定周期的数据。

2. 数据清洗

由于大数据中有更大可能出现各种类型的数据质量问题，这些数据质量问题为大数据的应用带来了困扰，甚至灾难性后果。因此在数据治理中，数据清洗是最重要的步骤之一。

在大数据时代，数据清洗通常是指把"脏数据"彻底洗掉。所谓"脏数据"是指不完整、不规范、不准确的数据，只有通过数据清洗才能从根本上提高数据质量。数据清洗的结果是对各种信息复杂数据进行对应方式的处理，得到标准、干净、连续的数据，提供给数据统计、数据挖掘等使用。在数据清洗定义中包含两个重要的概念：原始数据和干净数据。其中原始数据是来自数据源的数据，一般作为数据清洗的输入数据；干净数据也称目标数据，即为符合数据仓库或上层应用逻辑规格的数据，也是数据清洗过程的结果数据。

在数据治理中进行数据清洗时常常要经历以下几个步骤。

（1）制定数据质量计划

在数据治理中，想拥有干净的数据，要制定数据质量计划。首先必须要了解大多数错误发生的位置，以便确定根本原因并构建管理数据的计划。因为有效的数据清洗将会对整个企业产生全面的影响，因此在工作中要尽可能保持开放和沟通的态度。

在数据治理中，数据清洗计划需要包含以下几点。

① 负责人。需要一名数据清洗总体负责人，此外，还需要为不同的数据集分配业务和技术的负责人。

② 指标。理想情况下，数据质量应用 1～100 间的某个数字标注。虽然不同的数据可能具有不同的数据质量，但有了总体的数字度量，可以帮助企业衡量其持续改进的情况。

③ 行动。应确定一组明确的行动计划以启动数据质量管理。随着时间的推移，这些行动方案需要随着数据质量的变化和公司优先级的变化而更新。

（2）在源端更正数据

首先应增加对数据库输入的控制，确保系统最终使用的数据更加清洁。如果数据在成为系统中的脏数据（或重复数据）之前可以修复，则可节省大量的时间并省去很多工作量。例如，如果表单过于拥挤，需要填充过多的字段，那么这些表单中便存在数据质量问题。鉴于企业不断生成更多的数据，那么在源端修复数据至关重要。此外，还需要注意的是：如果是大型数据集，一定要限制样本规模，以便最大限度地减少准备时间并加快数据清理性能。

（3）持续管理数据

数据治理过程周期漫长，因此在此过程中应当对数据进行持续管理。例如，可以通过数据质量监控工具实现对企业数据的实时测量，提升数据质量，确保数据准确性。此外，还应当对数据进行标准化、规范化的管理。

① 标准化。确认数据表中每列存在相同类型的数据。

② 规范化。确保数据表中所有录入的数据都是规范的、统一的。

③ 抽样检查。对所有数据全程抽查，防止任何错误数据被复制。

④ 全面性。尽可能从各方面来考虑所有使用的数据，不仅要考虑谁来进行分析，还要考虑谁将使用，从数据中分析得出的结果。

3. 架构设计

架构是指对复杂系统的高层次设计，它旨在解决特定领域内的常见问题，并提供一种通用的解决方案。通常来讲，架构是系统的基本组织形式，体现在构成系统的组件、组件之间关系、组件与环境之间的关系以及用于系统设计和演进的治理原则上。

1987 年美国人 John Zachman 发表论文首次提出了"信息系统架构框架"的概念（后改称"企业架构框架"），奠定了企业架构的理论基础。而企业架构最早是应用在一些美国的政府机构，可以说美国政府对企业架构应用的推动也发挥了重要的作用。在企业架构从美国联邦政府兴起后，企业架构的理念很快就得到各个咨询公司和研究机构的认可。伴随着 20 世纪 80 年代的主机发展浪潮，90 年代的信息化和互联网化浪潮，21 世纪初的移动互联网浪潮，一直到今天的云计算、物联网，大数据、人工智能、区块链时代，企业架构涌现了一大批专家模型和方法论。随着政府、企业、咨询公司、研究机构以及厂商的不断进入，企业架构的理念越来越深入人心，其标准化的工作也日趋重要，从而也催生了一些研究团体和标准框架。其中最重要的，也是目前影响最大的企业架构框架理论便是由 Open Group 创立的 TOGAF。发展至今，TOGAF 9 于 2009 年推出，TOGAF 9.1 于 2012 年 6 月实施，最新更新的 TOGAF 9.2 于 2018 年 4 月发布。其中 TOGAF 9.2 标准是对 TOGAF 9.1 标准的更新，提供了改进的指导，纠正错误，改进了文档结构，并删除了过时的内容。此版本中的主要增强功能包括对业务体系结构和内容元模型的更新，所有这些变化使 TOGAF 框架更易于使用和维护。

企业架构通常分为两大部分，即业务架构和 IT 架构。

（1）业务架构

业务架构是企业治理结构、商业能力与价值流的正式蓝图，并将企业的业务战略转化为日常运作的渠道。业务架构定义了企业的治理架构（组织结构）、业务能力、业务流程以及业务数据。其中能力定义企业做什么，而业务流程定义企业该怎么做。此外，在具体实施中，业务架构还包括企业业务的运营模式、流程体系、组织结构、地域分布等内容，并体现企业大到板块、小到最细粒度的流程环节之间的所有业务逻辑。图 7-9 显示了业务架构。

图 7-9　业务架构

（2）IT 架构

IT 架构指导 IT 投资和设计决策，是建立企业信息系统的综合蓝图，包括数据架构、应用架构和技术架构等多个组成部分。数据架构常包含数据模型和数据标准等，是从数据层面对业务逻辑的映射，企业级数据模型在应用和系统落地过程中会受到应用实现逻辑的影响，从而产生从企业级模型到应用级模型的定制化行为和差异化管理策略；应用架构体现实现业务逻辑的各个应用的定位、分工逻辑和衔接关系；技术架构支撑应用实现和数据模型落地，在技术架构领域，当前主导思想是平台化和组件化，近年来的企业数字化转型和企业计算云化大趋势都对当前企业技术架构设计有深远的影响。

值得注意的是：企业管理层通常是企业战略的提出者，而业务架构师则通常是业务蓝图的设计师，最后的解决方案则是由数据架构师、应用架构师和技术架构师来完成，如图 7-10 所示。

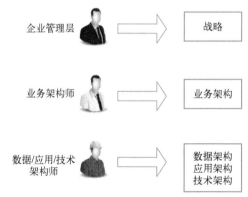

图 7-10　企业架构全景

4. 主流的企业架构

（1）Zachman 架构

Zachman 架构是一种企业本体，是企业架构的基本结构，它提供了一种从不同角度查看企业及其信息系统的方法，并显示企业的组件是如何关联的。作为一个被广泛承认的企业架构框架理论，Zachman 首先提出了一种根据不同干系人的视角来对信息系统的各个方面进行描述的方法，从而使得站在不同角度的干系人可以针对信息系统的建设使用相同的描述方式进行沟通，而这也为其后的各种企业架构框架理论的发展指明了方向。同时，Zachman 框架提供了一种对组织架构进行分类的方法。它是一种前瞻性的业务工具，可用于建模组织的现有功能、元素和流程，并帮助管理业务变更。

（2）FEA 架构

FEA（Federal Enterprise Architecture，联邦企业架构）是由美国联邦政府提出的一个框架，旨在通过标准化和集成化的方法来改进政府机构的信息技术（IT）系统和服务。值得注意的是：FEA 并不是一种企业架构开发方法论，而是联邦政府所要建立的企业架构本身，以及在联邦企业架构的建设过程中所需要的各种管理和规划工具。FEA 用于指导联邦政府改善其对信息技术的投资，并着眼于在全联邦政府范围内共享可重用的信息技术资源。该架构分为 5 个参考模型，共同提供了联邦政府的业务、绩效与技术的通用定义和架构。在 FEA 模型体系中，业务参考模型（BRM）是其基础，决定后面的性能参考模型（RPM）、服务组件参考模型（SRM）、数据参考模型（DRM）、技术参考模型（TRM）的具体评估内容。

（3）TOGAF 架构

TOGAF（The Open Group Architecture Framework，开放群组织框架），是一个广泛使用的企业架构框架，它提供了一套方法论和最佳实践，帮助组织设计、规划、实施和管理其信息技术架构。它基于一个迭代的过程模型，由国际标准权威组织 The Open Group 制定。TOGAF 是一个可靠的、行之有效的方法，以发展能够满足商务需求的企业架构，它主要描述了如何定义企业架构中的业务架构、数据架构、应用架构和技术架构。

（4）Gartner 架构

与上述的企业架构框架不同，Gartner 既不提供企业架构内容的分类法，也不提供企业架构的建设过程指南，因而从架构框架的定义来看，Gartner 应该不能算是一个严格意义上的企业架构框架理论，它是以其在企业架构建设领域中积累的大量实践经验为基础，对外提供关于企业架构方面的各种最佳实践。因而，如果企业要借助 Gartner 的力量来建设企业架构，要么出资购买其资讯服务，要么就以 Gartner 公司提供的数个企业架构建设实例为参考来构建自身的企业架构。

7.2.3　常见的数据治理实现工具

1．Atlas

Atlas 最早由 HortonWorks 公司开发，用来管理 Hadoop 项目里面的元数据，后来开源出来给 Apache 社区进行孵化，目前得到 Aetna、Merck、Target、SAS、IBM 等公司的支持进行发展演进。因其支持横向海量扩展并具备良好的集成能力和开源的特点，国内大部分厂家选择使用 Atlas 或对其进行二次开发。

Apache Atlas 是 Hadoop 社区为解决 Hadoop 生态系统的元数据治理问题而产生的开源项目，它为 Hadoop 集群提供了包括数据分类、集中策略引擎、数据血缘、安全和生命周期管理在内的元数据治理核心能力，支持对 Hive、Storm、Kafka、Hbase、Sqoop 等进行元数据管理以及以图库的形式展示数据的血缘关系。

Apache Atlas 采用了分布式图数据库 JanusGraph 作为数据存储，目的在于用有向图灵活地存储、查询数据血缘关系。Atlas 定义了一套 Apache Atlas API（Apache Atlas API 支持对 Type、Entity、Attribute 这三个构件的增删改查操作），允许采用不同的图数据库引擎来实现 api，便于切换底层存储，所以 Atlas 读写数据的过程可以看作就是将图数据库对象映射成 Java 类的过程。

2．Apache Ranger

Apache Ranger 是一个 Hadoop 集群权限框架，提供操作、监控、管理复杂的数据权限，它提供一个集中的管理机制，管理基于 YARN 的 Hadoop 生态圈的所有数据权限。

Apache Ranger 主要实现以下功能：

- 通过统一的中心化管理界面或者 REST 接口来管理所有安全任务，从而实现集中化的安全管理。
- 通过统一的中心化管理界面，对 Hadoop 组件/工具的操作/行为进行细粒度级别的控制。
- 提供了统一的、标准化的授权方式。
- 支持基于角色的访问控制、基于属性的访问控制等多种访问控制手段。
- 支持对用户访问和（与安全相关的）管理操作的集中审计。

Apache Ranger 使用了一种基于属性的方法定义和强制实施安全策略。当与 Apache Hadoop 的数据治理解决方案和元数据仓储组件 Apache Atlas 一起使用时，它可以定义一种基于标签的安全服务，通过使用标签对文件和数据资产进行分类，并控制用户和用户组对一系列标签的访问。因此，Apache Ranger 的一个主要优点是，控制策略可以由安全管理员从单独的一个地方访问合并在 Hadoop 生态系统中一致地管理。

在数据安全管理上，相比于 UNIX/Linux 系统简单地用"用户/用户组"来设定权限，Apache Ranger 提供了丰富的 Hadoop 组件，帮助人们更好地实现各种安全策略。例如，Apache Ranger 通过界面友好、操作方便的 Web 页面来建立一套完善的人员、角色和权限关系，让经过授权的用户可以合法地访问已授权的资源和数据，而将那些未经授权的"非法用户"彻底"拒之门外"。此外 Ranger 还支持临时策略创建，实现对其他用户的临时授权。当临时授权的用户完成相关操作后，再删除这些临时策略，从而方便、快捷地实现用户的临时授权。

3．Apache Sentry

Apache Sentry 是 Cloudera 公司发布的一个 Hadoop 安全开源组件，其中 Sentry 是一个基于角色的粒度授权模块，为 Hadoop 集群上经过身份验证的用户提供了控制和强制访问数据或数据特权的能力。它可以和 Hive/Hcatalog、Apache Solr 和 Cloudera Impala 等集成，甚至还可以扩展到其他 Hadoop 生态系统组件，如 HDFS 和 HBase。

在设计上，Apache Sentry 的目标是实现授权管理，因此它也被看作一个策略引擎，被数据处理工具用来验证访问权限。同时，Apache Sentry 也是一个高度扩展的模块，可以支持任何的数据模型。当前，它支持 Apache Hive 和 Cloudera Impala 的关系数据模型，以及 Apache 中有继承关系的数据模型。

Apache Sentry 主要特点如下。

- Sentry 依靠底层身份验证系统来识别用户。它还使用 Hadoop 中配置的组映射机制来确保 Sentry 看到与 Hadoop 生态系统的其他组件相同的组映射。
- Sentry 提供了基于角色的访问控制机制，该机制用于管理典型企业中大量用户和数据对象的授权。因此 Sentry 可以控制数据访问，并为已通过验证的用户提供数据访问特权。
- 细粒度访问控制。Sentry 支持细粒度的 Hadoop 数据和元数据访问控制。在 Hive 和 Impala 中 Sentry 的最初发行版本中，Sentry 在服务器、数据库、表和视图范围上提供了不同特权级别的访问控制，包括查找、插入等，允许管理员使用视图限制对行或列的访问。管理员也可以通过 Sentry 和带选择语句的视图或 UDF，根据需要在文件内屏蔽数据。

● 统一平台。Sentry 为确保数据安全，提供了一个统一平台，使用现有的 Hadoop Kerberos 实现安全认证。同时，通过 Hive 或 Impala 访问数据时可以使用同样的 Sentry 协议。

7.3 实训 绘制数据治理中的桑基图

1．实训目的

通过本章实训了解数据治理的特点，能进行与数据治理有关的简单操作。

2．实训内容

在数据治理实施中，人们需要掌握编程工具来实现代码的编写。在本书中需要读者掌握的编程工具（编程语言）主要有 Python、MySQL（或其他数据库）、Kettle、Linux 以及 Hadoop 框架等。

桑基图，也叫桑基能量分流图或者桑基能量平衡图。它是一种特定类型的流程图，主要由边、流量和支点组成，其中边代表了流动的数据，流量代表了流动数据的具体数值，节点则代表了不同分类。桑基图中延伸的分支的宽度对应数据流量的大小，所有主支宽度的总和应与所有分出去的分支宽度的总和相等，保持能量的平衡，非常适用于用户流量等数据的可视化分析。

绘制项目管理的桑基图，Python 代码如下。

```python
from pyecharts import options as opts
from pyecharts.charts import Sankey
nodes = [
    {"name": "项目1"},
    {"name": "项目2"},
    {"name": "项目3"},
    {"name": "项目4"},
    {"name": "项目5"},
    {"name": "项目6"},
]
links = [
    {"source": "项目1", "target": "项目2", "value": 10},
    {"source": "项目2", "target": "项目3", "value": 15},
    {"source": "项目3", "target": "项目4", "value": 20},
    {"source": "项目5", "target": "项目6", "value": 25},
]
c = (
    Sankey()
    .add(
        "桑基图",
        nodes,
        links,
        linestyle_opt=opts.LineStyleOpts(opacity=0.2, curve=0.5, color=
"source"),
        label_opts=opts.LabelOpts(position="right"),
    )
    .set_global_opts(title_opts=opts.TitleOpts(title="标题"))
    .render("桑基图.html")
)
```

该实训使用 pyecharts 库来实现，pyecharts 是一个用于生成 ECharts 图表的类库。ECharts

是百度开源的一个数据可视化 JS 库。在本段代码中 Sankey 表示桑基图。

运行程序生成的是一个 HTML 页面，运行该 HTML 页面如图 7-11 所示。

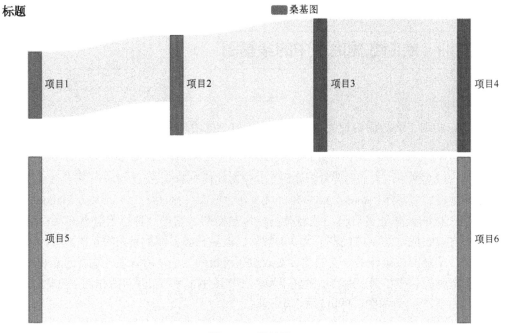

图 7-11　桑基图

本章小结

1）数据治理是指从使用零散数据变为使用统一数据、从具有很少或没有组织流程到企业范围内的综合数据管控、从数据混乱状况到数据井井有条的一个过程。数据治理强调的是一个过程，是一个从混乱到有序的过程。

2）数据治理是专注于将数据作为企业的商业资产进行应用和管理的一套管理机制，它能够消除数据的不一致性，建立规范的数据应用标准，提高组织的数据质量，实现数据广泛共享，并能够将数据作为组织的宝贵资产应用于业务、管理、战略决策中，发挥数据资产的商业价值。

3）企业的数据治理应当采用"以终为始"的策略，以数据的价值和通用性为判定标准，优先治理业务系统使用的、共用性更强的、对业务影响更大的数据。

习题 7

1．请阐述什么是数据治理。
2．请阐述什么是元数据。
3．请阐述什么是主数据。
4．请阐述在数据治理项目实施中包含哪些主要流程。
5．请阐述什么是企业架构。

第 8 章　大数据安全

本章学习目标

- 了解数据安全的概念。
- 了解数据安全的特点和内容。
- 了解大数据安全的主要威胁。
- 了解大数据安全的关键技术。
- 了解并掌握 Office 文档加密的方法。

8.1　数据安全概述

8.1.1　数据安全的定义

数据安全

随着大数据技术的发展，其将越来越深刻地影响人们工作和生活的方方面面，其地位也越来越重要，因而大数据的安全问题也日渐突出。如何通过技术手段来保障数据的安全是大数据技术应用的重要课题。

数据安全是计算机系统安全的核心部分之一。数据安全的定义一方面是指其自身的安全，包括采用现代加密技术对数据进行主动保护，另一方面是数据防护的安全，指的是采用现代信息存储手段对数据进行主动防护。

数据安全还包含以下两个方面的内容。

1）数据处理安全，主要指在数据的处理过程中，如数据的输入、查询和统计等过程中遭遇外界的攻击而导致数据损坏、丢失，甚至数据泄露等安全问题。

2）数据存储安全，主要指数据库在系统运行之外的安全性，如数据库的入侵、数据存储设备的破坏等。

8.1.2　数据安全的特点

数据安全具有以下几个特点。

（1）保密性

保密性是指个人或企事业单位的数据不能被其他未经许可的人员取得。无论是在计算机还是在手机等移动设备中保存的数据都需要有相关的保密性设置，如文件夹的访问权限、浏览器的浏览历史记录、手机通信录等数据都要有保密性设置，以防止非法用户窃取。

（2）完整性

完整性是指在数据传输和存储过程中，不被未经授权人员篡改。计算机的数据和传统印刷或书写的信息有很大的区别，计算机数据的篡改通过传统鉴别方法是很难识别的，在实际应用中通常使用数字签名等方式进行完整性保护。

（3）可用性

可用性也称有效性，主要是指数据能够被授权的人员正常访问、使用。例如，可以在系统正常运行过程中正确读取和保存数据。可用性主要是面向用户的一种安全性能，保证为用户提供可靠的服务。

8.2　大数据时代的安全挑战与解决方法

8.2.1　大数据安全面临的主要威胁

随着计算机网络技术的普及和发展，以及大数据应用的日益广泛，大数据的安全问题变得越来越突出。在如今的网络环境下，大数据安全主要面临以下几个方面的威胁。

1. 网络安全威胁

大数据的应用是和计算机网络密不可分的，大数据应用的安全和可靠离不开安全的网络环境。网络安全问题可能对大数据的应用造成十分严重的威胁，如黑客利用计算机网络中的漏洞盗取、篡改或损坏数据，甚至侵入系统造成严重的破坏。

网络安全在当今已经成为一个关系社会稳定发展的重要问题。随着移动互联网的快速发展，人们使用互联网的方式正发生着深刻的变化，从传统的个人计算机到现在的手机、平板计算机等移动终端，接入网络的设备、时间和方式等都越来越多样化。这些变化对网络安全的防护也产生着影响。

现阶段的网络安全防护手段对于大数据环境下的网络安全防护还存在诸多不足。其一，大数据的应用和发展导致数据量和信息的爆炸式增长，由此导致的网络非法入侵数量急剧增长，网络安全形势日趋严峻，数据安全面临的风险与日俱增。其二，网络攻击的技术不断发展，网络攻击的手段变幻莫测，对传统的数据防护技术和机制带来前所未有的压力。

（1）网络攻击

网络攻击从最初的黑客出于炫耀和展示个人的技术能力，发展到如今更多的是以谋取利益为目的的、有组织的职业犯罪行为。同时，网络攻击技术的发展使得许多攻击工具的使用简单化，获取途径也比以往更加容易，网络攻击的实施者也出现了低龄化和集团化的特点。

常见的网络攻击包括以下几种方式。

1）网络窃听。网络窃听也称网络嗅探。由于相当大一部分的网络通信都是以"明文"方式进行的，也就是传输的数据没有经过任何的加密，因此黑客只要接入相关网络并获取网络数据就可以分析和解读出有用信息。网络窃听行为虽然一般不会篡改数据，但是被有恶意的人员获取敏感信息也会对相关企业造成重大的安全问题。常见的网络窃听工具包括 Sniffer Pro、Wireshark 等，这些工具可以用来在网络中窃取诸如网站登录账号和密码等信息。

2）篡改数据。篡改数据是指网络攻击者对合法使用者的数据进行非法篡改，从而获取利益或是造成破坏的攻击行为。例如，用户在使用网上银行进行资金交易时，如果数据被篡改，其账户中的钱就可能被攻击者转入其他账号。

3）IP 地址欺骗。IP 地址欺骗也称身份欺骗。因为在互联网中是利用 IP 地址识别和定位网络设备进而确定使用者的，所以攻击者为了躲避追查就会使用 IP 地址欺骗的方法。IP 地址欺骗是指攻击者计算机产生的 IP 数据包为伪造的虚假 IP 地址，攻击者以此来冒充其他系统或发件人的身份。这种攻击行为使得人们在一定程度上无法找到真实的攻击者，给网络攻击者提供了保护伞，是网络攻击的常见形式之一。

4）口令入侵。在常见的安全措施中，因为对系统资源和数据的访问及使用权限都依赖于口令来确定用户身份，所以利用口令实现访问控制是很重要的一种方法。口令入侵就是指通过使用合法用户的账号和口令登录到目标主机，然后实施攻击的行为。一旦攻击者获取了合法账号和口令，事实上也就拥有了和合法用户相同的访问权限，能够获取、篡改、删除数据，甚至更改系统设置、破坏服务器系统等。

（2）计算机病毒与木马

计算机病毒其实就是一个计算机程序，只不过它不同于一般程序，它会给计算机系统造成破坏，并且能够自我复制和传播。计算机病毒在《中华人民共和国计算机信息系统安全保护条例》中的定义是"编制者在计算机程序中插入的破坏计算机功能或者破坏数据，影响计算机使用并且能够自我复制的一组计算机指令或者程序代码"。

1983 年，美国学者科恩第一次明确提出计算机病毒的概念，之后直到 1987 年，第一个计算机病毒 C-BRAIN 诞生。经过几十年的发展进化，计算机病毒的种类和数量大幅增加，每隔一段时间就会出现影响范围广、造成损失巨大的计算机病毒。在互联网快速发展的今天，计算机病毒传播的速度和造成的破坏规模都是空前的。

计算机病毒的生命周期可分为：开发期→传染期→潜伏期→发作期→发现期→消化期→消亡期。计算机病毒的整个生命周期是一个漫长的过程，一种计算机病毒很难在短时间内消灭。预防计算机病毒最有效的方法就是在计算机上安装杀毒软件并及时更新。

计算机病毒的特点如下。

1）繁殖性。计算机病毒的一个突出特点就是其具有繁殖性，也就是说其像生物病毒一样可以自我复制。

2）传染性。传染性是指计算机病毒可以利用各种途径，将自身的复制品或变种传染给未被感染的计算机程序或其他对象。

3）潜伏性。这是指计算机病毒感染对象之后，不是立即发作，而是等待一段时间，当条件成熟时才发作。

4）隐蔽性。计算机病毒的隐蔽性主要表现在其传染的隐蔽性和存在的隐蔽性两个方面。计算机病毒在传染时，一般不会有显著的异常表现，人们较难发现。计算机病毒感染正常程序之后，在一段时间内不会使正常程序完全丧失功能，只有当发作时才会被发现。

5）衍生性。计算机病毒在传播的过程中，可能被人为地改动，进而衍生出新的变种，其被发现和清除的可能性更低，会造成更严重的后果。

6）破坏性。计算机病毒发作后，可能破坏数据文件，造成正常程序不能工作，甚至使系统瘫痪，严重的还会破坏引导扇区和 BIOS，给人们的工作和生活带来严重的影响。

7）可触发性。计算机病毒实施感染或攻击，一般都是病毒的设计者为其制定了一些触发条件，如固定的时间、系统某些特定程序的运行等。计算机病毒根据这些触发条件来判断是否进行感染或攻击，满足条件就实施破坏，不满足就继续潜伏等待条件成熟。

木马程序是指隐藏在正常程序中的一段具有特殊功能的恶意代码，其可以破坏或窃取文件，盗取用户的账号、密码，甚至远程操控对方的计算机。木马程序和一般计算机病毒的不同之处是，其不具有繁殖性，也不会去感染其他文件，而是隐藏在正常程序或软件中，诱导用户安装在自己的计算机中。

木马程序一般由两部分组成：客户端和服务器端。被安装到受害者计算机中的是服务器端程序，而黑客一方安装的就是客户端，之后黑客通过网络就可以操控受害者的计算机，盗取信息，破坏系统，甚至是远程控制。

无论是计算机病毒还是木马程序，都会给数据安全带来极大的威胁。

（3）拒绝服务攻击

拒绝服务（Denial of Service，DoS）攻击的攻击行为被称为 DoS 攻击，目的是使计算机或网络超出其能够提供的服务限度，造成资源耗尽，最终无法提供正常的服务。

拒绝服务攻击是黑客常用的一种攻击手段。拒绝服务攻击导致的结果有两种：一是迫使服务器的缓冲区满，不再接收新的请求；二是使用 IP 欺骗，迫使服务器把非法用户的连接复位，影响合法用户的连接。

拒绝服务攻击的一般过程是：黑客首先向服务器发出大量带有虚假 IP 地址的服务请求，服务器会正常地发送回复消息，之后等待其回传消息，但是因为这些请求的地址是虚假的，所以服务器无法等到回传的消息，而服务器分配给这次请求的资源却无法释放，进而导致服务器资源耗尽而瘫痪。

常见的拒绝服务攻击有 SYN Flood、IP 欺骗攻击、UDP 洪水攻击、Ping 洪流攻击、Teardrop 攻击、Land 攻击等。

2. 大数据设施安全威胁

大数据设施是大数据技术应用的基础，包括数据的存储设备、计算设备、互联设备及管理设备等，其中既包括硬件设备也包含软件设备。由于所涉及的设备数量庞大、结构复杂，因此大数据的基础设施中任何一个受到安全威胁都会导致整个系统的安全问题。

（1）物理安全

物理安全是大数据设施安全的前提和基础。物理安全的风险主要包括：地震、洪水和火灾等自然环境风险；由管理制度缺失或责任人技术水平不足及工作态度不端正造成的人为操作失误；外界的电磁干扰；基础设施或设备被恶意损毁等。

（2）非授权访问

非授权访问是指在没有获得授权许可的情况下，使用大数据基础设施或者访问相关网络及计算机资源。例如，别有用心的人刻意避开系统访问控制机制，对大数据基础设施及相关系统进行访问和使用，或者是扩大自身的使用权限访问敏感信息。其主要形式有身份假冒、IP 地址欺骗攻击、利用系统漏洞进入目标主机系统获取控制权等。

（3）信息泄露及丢失

信息泄露及丢失主要包括在信息的传输过程中或存储介质中泄露和丢失，或是恶意人员利用隐蔽隧道窃取。信息在传输过程中会遭遇到各种形式的泄露和丢失。例如，在网络传输通道中利用电磁泄漏和搭线窃听等方式窃取有用信息，特别是如今无线网络的广泛使用使得信息窃取变得更加容易。信息的存储介质也由于形式不同存在不同的缺点，使得不怀好意者可以通过各种方式窃取信息。

3. 大数据存储安全威胁

大数据的规模呈爆炸式增长。例如，物联网迅速发展，其所涉及的大量传感器会全天候不间断地采集数据；汽车自动驾驶技术发展，随之产生的路况信息、车辆状态数据等也是十分庞大的；社交媒体普及，人们随时随地都在将大量图片、视频等数据上传至网络。大数据的规模庞大，数据类型多样，既有结构化数据也有非结构化数据，传统的数据存储方式已经不能满足大数据存储的需要。因此对应大数据存储的特点，需要面向大数据处理的存储系统架构。

大数据存储是大数据技术的一个关键技术，现阶段主要是采取关系数据库和非关系数据库进行存储。

（1）关系数据库的存储安全

关系数据库是采用关系模型来组织数据的数据库，其强调 ACID 原则，即原子性（Atomicity）、一致性（Consistency）、隔离性（Isolation）、持久性（Durability）。关系数据库强调了数据的一致性，对于事务的操作有较好的支持。关系数据库可以控制事务原子性细粒度，并且一旦操作有误或有需要，就可以马上回滚事务。这些特性保证了数据库的可靠处理。关系数据库的优点还有操作的方便性、易于维护性、数据访问的便捷性等。关系数据库通过权限控制、数据加密及支持行和列的访问控制等安全机制来保证数据的安全性。

但是关系数据库也有很多不足之处，诸如高并发读取性能较低、海量数据的读写效率很低、数据库的扩展性和可用性较低等。

（2）非关系数据库的存储安全

非关系数据库又称 NoSQL，是指那些非关系型的、分布式的，且一般不保证遵循 ACID 原则的数据存储系统。其包含大量不同类型结构化数据和非结构化数据的数据存储。非关系数据和关系数据的不同之处是，非关系数据不是通过标准 SQL 语言进行访问，所采用的数据模型并非关系数据库的关系模型，而是类似键值、列式、文档等的模型。

非关系数据库在大数据存取上有着关系数据库无法比拟的性能优势，如可扩展性较为灵活、大数据量、较高的读写性能及更加灵活的数据模型。

另一方面，非关系数据库也带来了以下一些安全挑战。

1）模式的成熟度不足。关系数据库系统由来已久，技术已经相当成熟，其已经包含了严格的访问控制和隐私管理的相关工具和机制，而目前非关系数据库中还没有。例如，在非关系数据库的数据存储中，列和行的安全性尤为重要，但相应的安全策略和防范机制还没有确立。

2）支持力度不够。目前大多数非关系数据库系统都是开源项目，虽然每种数据库都有一些公司提供支持，但大多都是小的初创公司，没有广泛的资源支持。

3）客户端软件安全威胁。对于访问非关系数据库服务器软件的客户端程序而言，也存在一些安全问题。例如，如何实现身份认证以及对用户的授权访问权限、SQL 注入风险、代码漏洞风险等。

4）数据冗余及分散性风险。传统的关系数据库存储数据往往都是在相同位置，而非关系数据库存储大数据一般是将数据分散存储在不同地点、不同的服务器中，所以较难定位并保护这些数据。

4. 个人隐私安全威胁

在大数据时代，个人的隐私问题变得越来越受人们关注。人们在享受技术进步带来的方便和快捷生活时，也受到了个人隐私被窥探的困扰。

个人隐私指的是人们生活中不愿意被公开或让其他人知晓的个人信息，如手机号码、家庭住址、家庭成员相关信息、个人身份信息等。个人隐私的窃取和滥用会给人们的生活和工作带来各种各样的烦恼和危险。例如，现今十分普遍的网络购物行为，在网络购物交易的过程中消费者会将家庭住址和电话号码告知商家，同时快递公司也会获取相应信息，任何一个环节出现信息泄露并且被恶意人士获取，都有可能给消费者的生活造成困扰甚至危险。下面从以下几个方面介绍在大数据时代个人隐私所面临的威胁。

(1) 个人智能终端设备

在移动互联网普及的当下，个人智能终端设备的使用也变得非常普遍，如智能手机、平板式计算机、智能手表、智能眼镜等。一方面人们越来越依赖这些设备带来的方便，而另一方面这些设备也记录了大量的个人隐私信息。智能手机会记录用户经常活动的地理位置信息、常用联系人的手机号码，智能手表或手环可以记录用户的心率等，这些个人隐私信息都是非常重要甚至直接关系用户人身安全的信息，一旦被别有用心的人获取，后果可能非常严重。

(2) 社交软件

社交软件是现在人们生活中必不可少的网络应用软件。利用社交软件用户可以与朋友建立紧密的联系，也可以尝试与网络上的陌生人交流。常见的社交软件有微信、QQ、微博等。

但是社交软件也成为窃取个人隐私信息的工具。例如，在微信朋友圈分享自己和家人的照片、日常活动等都有可能泄露个人隐私。

(3) 网络购物

随着电子商务产业的迅速发展，人们越来越习惯网络购物。在淘宝、京东、苏宁等网上购物平台，用户可以随时随地选购自己喜欢的商品，并在较短的时间内通过快递服务取得商品。但在享受网络购物带来的便利的同时，个人隐私信息也不可避免地暴露在网络上。用户的家庭住址、姓名和电话被电子商务平台、网上店铺、快递或物流公司获取，用户的购物习惯和偏好也可能被分析并被推送相应的广告。

(4) 网页浏览

用户平常使用最多的网络应用可能就是利用浏览器来浏览网页，很多人可能没有意识到，仅仅是浏览网页也会泄露个人隐私。浏览网页时会在互联网上留下大量的个人信息，如登录某个网站输入的用户名和密码，经常访问的网站记录，最近关注的新闻或产品。Cookie 是存储在浏览器目录下的一个文本文件，当浏览器运行时，存储在内存中，其中保存了许多个人的上网信息，一些恶意人士可以利用其窃取用户的用户名和密码、IP 地址等信息，给用户造成损失。

8.2.2 大数据安全的关键技术

面临大数据安全的诸多威胁，需要开发相应的防范技术。下面介绍几种主要的大数据安全技术。

1. 数据加密技术

数据加密技术是保证数据安全的有效手段。数据加密技术是指将原始信息（一般称为明文）利用加密密钥和加密算法转化成密文的技术手段。人们利用数据加密技术对信息进行加密，从而实现信息的隐蔽，保护信息数据的安全。这里涉及两个名词，一个是明文，是指没有经过加密的原始数据，一般人可以直接获取并读懂其含义；另一个是密文，是指经过加密的数据，如果没有解密方法，一般人是无法直接读取和理解其含义的。

数据加密技术的核心是密码学，它是一门古老的学科。从古埃及、古罗马以及我国的周朝就已经有对重要信息进行加密的应用实例。发展到信息时代和现在的大数据时代，数据加密技术也发生了天翻地覆的变化。

（1）古典加密技术

古典加密技术主要是对文字信息进行加密，根据不同的加密方式可以分为代换加密和置换加密。

1）代换加密。代换密码是将明文中的字母替换成另一个字母。著名的恺撒密码采用的就是代换密码方式。它是古罗马凯撒大帝在营救西塞罗的战役中用来保护重要军情的加密系统。根据密码算法加解密时使用代换表的多少，又可将代换密码分为单表代换加密和多表代换加密。其中，单表代换加密的密码算法加解密时使用一个固定的代换表，而多表代换加密的密码算法加解密时使用多个代换表。

假设代换加密中明文和密文的字母表对应关系如下。

a b c d e f g h i j k l m n o p q r s t u v w x y z
q w e r t y u i o p a s d f g h j k l z x c v b n m

如果对明文 hello the world 进行加密，就会变成 itssgzitvgksr。一般来说，单表代换加密中密钥空间很大。例如，上面的例子中密钥空间就是 $26! \approx 4 \times 10^{26}$，也就是说，密钥一共有这么多个组合，如果想使用穷举法来破解密钥，即使是 1 微秒试一个密钥，遍历全部密钥也需要 1013 年。但实际上代换加密的加密强度也不是太高，想要破解它比较容易，如可以找出英文中出现频率较高的单词或字母，然后找出对应关系，从而破解它。

由于使用单表代换加密方法时明文中单字母出现的频率分布与密文相同，这就使得人们可以依据自然语言中字母出现的频率高低来破解密文。另外一种多表代换加密方法，明文字母到密文字母会有多个映射，从而隐藏单字母出现的频率分布特征，其特点就是使用两个或两个以上的代换表。著名的多表代换密码有维吉尼亚密码和希尔（Hill）密码。维吉尼亚密码的密钥是动态周期变化的。而希尔密码算法的基本思想是将 m 个明文字母通过线性变换转换为 m 个密文字母。

2）置换加密。置换加密是明文中的字母本身不会发生变化，而是将字母的顺序重新排列来得到密文。置换是一个简单的换位，每个置换都可以用一个置换矩阵来表示。每个置换都有一个与之对应的逆置换。

例如，使用置换加密方法进行加密的明文为 whatever your past has been you have a spotless future，密钥为 CIPHER。具体的方法是，首先根据密钥的字母数量将明文去掉空格后转换成每行 6 个字母的矩阵。

密钥	C	I	P	H	E	R
顺序	1	4	5	3	2	6
明文	w	h	a	t	e	v
	e	r	y	o	u	r
	p	a	s	t	h	a

```
s    b    e    e    n    y
o    u    h    a    v    e
a    s    p    o    t    l
e    s    s    f    u    t
u    r    e    a    b    c
```

其中，第二行的顺序是指密钥字母在字母表中的先后顺序，最后一行由于明文只有三个字母，因此剩下的三个空位用字母表中开始的三个字母补充。密文按照列的顺序得出，即加密之后的密文为 wepsoaeueuhnvtubtoteaofahrabussraysehpsevrayeltc。

对于破解而言，在得到密文之后，先按照密钥的字母顺序按列写出（根据密钥的字母数写出相应列），再按行自上而下读出，就可得出明文。

（2）现代加密技术

计算机的运行速度是十分惊人的，即使是普通人使用的个人计算机，其运算速度也可以达到每秒 2 亿～3 亿次，超级计算机则可以达到每秒 1 万亿次以上，我国最新型的超级计算机"天河三号"甚至可以实现百亿亿次级的运算速度。使用传统加密方法加密的数据，用计算机破解它们变得轻而易举。因此必须用新的现代加密技术来应对计算机技术的高速发展，保障数据信息的安全。

密码算法包括加密算法和解密算法，它们是整个密码体制的核心。密码算法实际上可以看成是一些交换的组合。当输入为明文时，经过密码变换，输出为密文，这是加密交换的过程，又称加密算法。反之，当输入为密文时，经过密码变换，输出为明文，也就是解密交换的过程，又称解密算法。这里还有一个重要的概念就是密钥，它是一种参数，是将明文转换为密文或将密文转换为明文的算法中输入的参数。依据收发双方所使用的密钥是否相同，可以把加密算法分为对称加密算法和非对称加密算法。

1）对称加密。对称加密也称单密钥加密，是指加密和解密使用同一个密钥，也就是说，任何知道密钥的人既可以加密数据也可以解密数据。由于其加解密速度快，对称加密通常在消息发送方需要加密大量数据时使用。常见的对称加密算法有 DES、3DES、TDEA、Blowfish、RC2、RC4、RC5、IDEA 等。

DES 即数据加密标准，是较为著名的加密算法。其 1977 年被美国联邦政府的国家标准局确定为联邦资料处理标准，并授权在非密级政府通信中使用，随后该算法在国际上广泛流传开来。

DES 加密和解密都是使用相同的算法，密钥也是一样的。它将 64 位的明文转变成 64 位的密文输出，所使用的密钥也是 64 位（实际用到了 56 位，第 8、16、24、32、40、48、56、64 位是校验位）。其主要过程是：首先进行初始置换，将输入的 64 位数据块按位重新组合，然后进行 16 次循环加密运算，之后进行逆置换，最后得出 64 位的密文。

对称加密算法的优点是算法公开，加密速度快，而且效率较高。其缺点是数据信息的发送方和接收方用于加密和解密的密钥是一样的，所以一旦密钥丢失，数据的安全就得不到保障。而且随着使用者的增多，就需要保存很多的密钥，其有效可靠的管理以及这些密钥的更新都是很大的问题。

2）非对称加密。非对称加密和对称加密的不同之处是，其使用两个密钥来进行加密和解密，即公开密钥（Public Key）和私有密钥（Private Key）。公开密钥与私有密钥是一对，如果用公开密钥对数据进行加密，就只有用对应的私有密钥才能解密；如果用私有密钥对数据进行加密，也只有用对应的公开密钥才能解密。正因为加密和解密使用的是两个不同的密钥，所以将其称为非对称加密。常见的非对称加密算法有 RSA、DSA、ELGamal 等。

RSA 是 1977 年由罗纳德·李维斯特（Ron Rivest）、阿迪·萨莫尔（Adi Shamir）和伦纳德·阿德曼（Leonard Adleman）一起提出的加密算法，其名取自三位发明者姓氏的首字母。RSA 加密算法通常是先生成一对密钥，其中需要保密的私钥由用户保存，而另一个公钥可以对外公开，人们甚至可以在网络上获取。RSA 加密算法的主要过程是：首先由甲生成一对密钥，甲将公钥传递给乙，然后乙利用公钥对数据信息进行加密；最后甲获得乙加密的数据信息，利用自己保存的私钥进行解密。

RSA 是第一个能同时用于加密和数字签名的算法，也是被广泛研究的算法。其优点是安全可靠，密钥越长越难以破解。

2. 身份认证技术

身份认证技术是保证大数据安全的一个重要技术。通过对身份的认证，可以确定访问者的权限，明确其能够获取的数据信息类别和数量，确保数据信息不被非法用户获取、篡改或破坏。同时，身份认证技术还要对用户身份的真实性进行验证，避免恶意人士通过身份伪装绕过防范措施。

在数字世界中，用户的身份信息是由一些特定的数字来表示的，也就是说在数字世界中，用户的所有权利都是赋予这个数字身份的。而在真实世界里，用户是一个个物理实体，怎么将这两者的关系正确地对应，确保用户的使用权限，保证数据信息的安全，就是身份认证技术要解决的问题。

目前主要的身份认证技术有以下几种。

（1）静态口令认证

静态口令也就是人们日常最常用的静态密码，由用户自行设置，通常在较长时间内保持不变。这种"用户名+密码"的身份认证方式在计算机系统中广泛应用，也是最简单的一种身份认证方式。但是其缺点也非常突出，首先，一般用户不会将密码设置得过于复杂，因为这样时间一久，可能自己都会忘记，因此常常使用自己的生日、电话号码或是有特殊含义的字符串，安全性极低；其次，一般使用静态密码的用户在较长时间内都不会更换密码，即便密码设置得较为复杂，也会给黑客更多的时间和机会去破解；最后，更重要的是，由于密钥是静态数据，在用户输入和网络传输过程中很可能被黑客利用其植入用户计算机的木马程序和网络窃听工具窃取。

虽然人们可以利用一些方法增强静态口令的安全性，但总的来说静态口令认证的安全性还是较低，在保存重要数据或关系重大的计算机系统中应尽量减少使用这种身份认证方式。

（2）动态口令认证

动态口令认证的安全性较静态口令认证更高，其是一种动态密码。它是依据专门的算法每间隔 60s 生成一个动态密码，且这个口令是一次有效的。其中用来生成动态口令的设备终端称为动态口令牌，它包含密码生成芯片和显示屏，其中的密码生成芯片可以运行密码算法生成动态密码，然后由显示屏显示给用户。在密码生成的过程中，动态口令认证不需要网络通信，所以也就不会有密码被窃取的可能。这种方式中密码的产生和使用的有效次数都很好地保证了其安全性，所以动态口令认证目前在网上银行、电子商务、电子政务等领域得到了广泛应用。

（3）数字证书认证

数字证书是指由证书授权中心（Certificate Authority，CA）发行的一种电子文档，是一串能够表明网络用户身份信息的数字，它就好像是个人的身份证，是数字世界中认证用户身份的有效手段。

数字证书是由第三方机构签发的，有其权威性和公正性，是在互联网上进行身份认证的重要电子文档，既是证明自己身份，也是识别对方身份的重要凭证。CA机构采用数字加密技术作为数字证书的核心，对网络上的数据信息进行加密和解密、数字签名和签名认证，保证信息数据的机密性。数字证书广泛应用于电子商务、电子邮件、信任网站服务等领域。例如，支付宝就提供了数字证书认证服务来确保使用者的资金安全。

（4）生物识别认证

生物识别认证是利用人类在生物特征上的某些唯一性来进行身份认证的技术。人类可以用于生物识别的特征有指纹、虹膜、面部、声音等。现在使用最广泛的生物识别技术就是指纹识别，从苹果公司的 iPhone 手机到智能门锁，再到指纹考勤机，都在使用指纹识别来进行人员的身份认证。苹果公司从 iPhone X 开始提供基于 3D 结构光的人脸识别技术，其使用了原深感摄像头，通过点阵投影器将 30 000 个肉眼不可见的光点投影在使用者的脸部，绘制出独一无二的面谱，从而实现对使用者的身份认证。三星公司早前曾将虹膜识别技术引入到其手机产品中。各种各样的智能设备都在积极引入不同的生物识别技术提高身份认证的效率，改善用户体验。

由于生物识别技术的特性，人们不必设置传统的密码，生物特征信息随身携带，不会忘记，使用便捷，所以得到了广泛应用。但是生物特征信息也存在被人窃取的风险，如指纹信息，由于在较多场合使用，因此某个存储指纹信息的系统一旦被黑客入侵，这些数据就会遭到窃取，给人们的生活带来安全风险。

3. 访问控制技术

访问控制技术是指通过某种途径和方法准许或限制用户的访问权限，从而控制系统关键资源的访问，防止非法用户入侵或合法用户误操作造成的破坏，保证关键数据资源被合法地、受控制地使用。

访问控制技术最早是美国国防部资助的研究项目成果，最初的研究目的是防止机密信息被未授权人员访问，之后逐渐扩展到民用商业领域。2002 年美国国家安全局制定并颁布的《信息保障技术框架》中，访问控制作为第一种主要的安全服务被提出。

访问控制包括以下三个要素。

- 主体，是指访问操作中的主动实体，是某一项操作或访问的发起者，可以是某个用户，也可以是用户启动的进程、设备等。
- 客体，是指被访问资源的实体，包括被操作的信息和资源，如文件数据。
- 控制策略，是主体对客体的访问规则集，其定义了主体对客体的动作行为以及客体对主体的约束。

（1）访问控制的类型

访问控制的类型主要分为自主访问控制、强制访问控制和基于角色访问控制。

1）自主访问控制（Discretionary Access Control，DAC）。在这种模式下，数据信息的拥有者具有修改或授予其他用户访问该数据相应的权限。例如，在 Windows 系统中，用户可以对其创建的目录或文件设置其他用户或组的读取、写入等权限。数据资源的拥有者可以指定对其的控制策略，使用访问控制列表来限制其他用户对其可执行的操作。自主访问控制是目前应用最广泛的控制策略，但是其可被非法用户绕开，安全性较低。

2）强制访问控制（Mandatory Access Control，MAC）。这是系统以强制的方式为对象分别授予权限，让主体服从访问控制策略。在这种模式中，每个用户和数据文件都被设定相应的安全级别，只有拥有最高权限的系统管理员才可以确定某个用户或组的访问权限，即便是数据的拥有者也不能随意地修改或授予其他用户访问权限。强制访问控制的安全级别通常有四级：绝密级、秘密级、机密级和无级别，它们的安全等级依次递减。强制访问控制的安全性比自主访问控制更强。

3）基于角色访问控制（Role-Based Access Control，RBAC）。这里的角色是指完成一项任务所需访问的资源和相应操作权限的集合。在这种模式下，对系统操作的各种权限不是直接授给某一个具体用户的，而是赋予角色的，每一个角色都对应一组相应的权限。当为了完成某项具体任务而创建角色，用户被分配适当的角色，那么该用户就拥有了此角色的所有操作权限。角色可以依据新的需求被赋予新的权限。另一方面，权限也可以根据需要从角色中收回。基于角色访问控制的优势是，用户不需要进行权限分配的操作，只需要给用户分配相应的角色，而角色的权限变更要比用户的权限变更更少，降低了授权管理的复杂性，提高了安全策略的灵活性。

（2）安全策略

安全策略是指在某一个安全区域内（属于某一个组织的一系列处理和通信资源），适用于所有与安全相关行为活动的一套访问控制规则。其是由安全权利机构设置、描述和实现的。

安全策略实施的原则包括最小特权原则、最小泄露原则和多级安全策略。

1）最小特权原则，是指主体在执行访问操作时，按照其所需要的最小权利授予其权利。

2）最小泄露原则，是指主体在执行相关任务时，依据其所需要的信息最小原则分配权限，防止其泄密。

3）多级安全策略，是指权限控制按照绝密（TS）、秘密（S）、机密（C）、限制（RS）和无级别（U）5 级来划分安全级别，避免机密信息的扩散。

目前主要实施的安全策略包括入网访问控制、网络权限限制、目录级安全控制、属性安全控制、网络服务器安全控制、网络监测和锁定控制、网络端口和节点的安全控制和防火墙控制等。

4. 安全审计技术

安全审计是指按照制定的安全策略，对系统活动和用户活动等与安全相关的活动信息进行检查、审查和检验操作事件的环境及活动，进而发现系统漏洞、入侵行为和非法操作等，提高系统安全性能。

安全审计主要记录和审查对系统资源进行操作的活动。例如，对数据库中的数据表、视图、存储过程等的创建、修改和删除等操作。根据设置的规则，判断违规操作，并且对违规行为进行记录、报警，保障数据的安全。

安全审计对系统记录和行为进行独立的审查和评估，主要目的有以下几个。

● 对潜在的恶意行为者起到警示和威慑作用。

● 验证组织的安全相关活动是否有效实施，并确定这些活动的责任人，确保其符合安全策略和操作规程。

● 对安全策略与规程中的变更进行评估，为后续的改进提供意见。

● 对出现的安全事件提供灾难恢复和责任追究的依据。

● 帮助管理人员发现安全策略的缺陷和系统漏洞等。

安全审计的主要功能包括安全审计自动响应、安全审计数据生成、安全审计分析、安全审计浏览、安全审计事件选择、安全审计事件存储等。

安全审计的重点是评估现行的安全政策、策略、机制和系统监控情况。安全审计的主要步骤如下。

1）制定安全审计计划。实施审计工作的第一步就是要制定一份科学有效、详细完整的安全审计计划书，包括安全审计的目的、安全审计内容的详细描述、时间、参与人员、人员具体分工和独立机构等。

2）研究安全审计历史。研究和查阅以往的安全审计历史记录，可以利用已知的安全漏洞和发生过的安全事件，查找安全漏洞隐患和管理制度缺陷，更好地制定和采取安全防范措施。

3）划定安全审计范围。确定一个合适的安全审计范围可以提高审计的效率，突出重点。范围过宽可能使安全审计的进度迟缓，范围过窄又可能使审计不完全，结果不够科学。

4）实施安全风险评估。安全审计的核心就是风险评估，其主要包括确定审计范围内的资产及其优先顺序、找出潜在的威胁、检查现有资产是否有安全控制措施、确定风险发生的可能性、确定风险的潜在危害等。

5）记录安全审计结果。完整记录安全审计的实施过程及相关数据，包括安全审计的原因，审计计划书，必要的升级和纠正、总结等，然后将安全审计的所有文档资料整理完善。

6）提出改进意见。安全审计的最后环节就是提出审计的结论，给出提高安全防范措施的建议。

8.3　实训1　Kettle 数据脱敏

1. 实训目的

通过本章实训了解大数据安全的特点，能在 Windows 下实现简单的 Kettle 数据脱敏操作。

2. 实训内容

1）成功运行 Kettle 后，在菜单栏单击"文件"菜单，在"新建"中选择"转换"选项，在"输入"中选择"自定义常量数据"选项，在"脚本"中选择"利用 Janino 计算 Java 表达式"选项，将其一一拖动到右侧工作区中，最终生成的工作如图 8-1 所示。

自定义常量数据　　　　　利用Janino计算Java表达式

图 8-1　工作流程

Janino 是一个极小的 Java 编译器，它不仅能像 javac 工具那样将一组源文件编译成字节码文件，还可以对一些 Java 表达式、代码块、类中的文本（class body）或者内存中的源文件进行编译。

2）双击"自定义常量数据"图标，分别设置元数据和数据内容如图 8-2 和图 8-3 所示。

图 8-2　设置元数据

图 8-3　设置数据

3）双击"利用 Janino 计算 Java 表达式"图标，设置内容如图 8-4 所示。其中代码 phone. replaceAll("(\\d{3})\\d{4}(\\d{4})","$1****$2")表示对字段 phone 中的数据内容进行数据脱敏。

图 8-4　数据脱敏操作

4）保存该操作，查看结果，如图 8-5 所示，在运行结果中可发现原字段 phone 中内容已被脱敏。

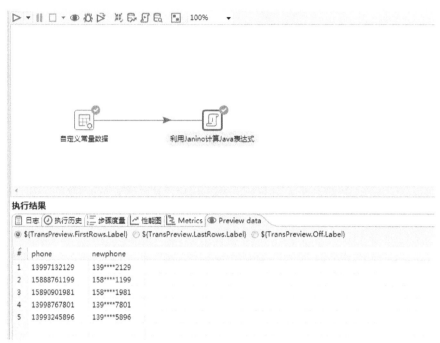

图 8-5　查看结果

8.4　实训2　Kettle 查看数据质量

1. 实训目的

通过本章实训了解大数据安全的特点，能在 Windows 下使用 Kettle 查看数据质量。

2. 实训内容

1）成功运行 Kettle 后在菜单栏单击"文件"菜单，在"新建"中选择"转换"，在"输入"中选择"Excel 输入"，在"脚本"中选择"JavaScript 代码"，在"统计"中选择"分组"，将其一一拖动到右侧工作区中，并建立彼此之间的节点连接关系，最终生成的工作如图 8-6 所示。

图 8-6　工作流程

2）首先准备好 Excel 数据表 file3-13，内容如图 8-7 所示。首先双击"Excel 输入"图标，在"文件"选项卡中将 file3-13 添加到 Kettle 中，如图 8-8 所示。接着在"工作表"选项卡中将要读取的工作表名称选中，如图 8-9 所示。最后选中"字段"选项卡，获取工作表中的字段名称，如图 8-10 所示。

图 8-7　数据表内容

图 8-8　选中文件

图 8-9　设置工作表名称

图 8-10　获取字段

3）双击"JavaScript 代码"图标，输入代码如下：

```
var 成绩为空=1;
if(成绩!=null){
  成绩为空=0;
}
```

在"字段"中将"字段名称"设置为"成绩为空"，并设置"类型"为"Number"，"长度"为"16"，"精度"为"2"，如图 8-11 所示。

图 8-11　设置 JavaScript 代码

4）双击"分组"图标，在"聚合"中设置"名称"为"成绩为空"，"类型"为"求和"，如图 8-12 所示。

5）保存该文件，选择"运行这个转换"选项，可以在"执行结果"中的"Preview data"选项卡中查看该程序的执行状况，如图 8-13 和图 8-14 所示。

图 8-12　设置分组

图 8-13　查看结果

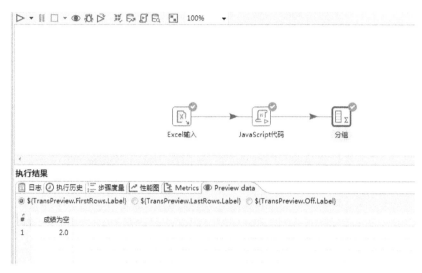

图 8-14 查看结果

最后在"成绩为空"中可看到结果为"2.0"，这表示有两个成绩值为空值。

本章小结

1）数据的安全是计算机系统安全的核心部分之一，数据安全的定义一方面是指其自身的安全，包括采用现代加密技术对数据进行主动保护，另一方面是数据防护的安全，指的是采用现代信息存储手段对数据进行主动防护。

2）随着计算机网络技术的普及和发展以及大数据应用的日益广泛，大数据的安全问题变得越来越突出。在如今的网络环境下，大数据安全面临着网络安全威胁、大数据设施安全威胁、大数据存储安全威胁以及个人隐私安全威胁等各方面的问题。

3）大数据安全解决的关键技术主要包括数据加密技术、身份认证技术、访问控制技术以及安全审计技术等。

习题 8

简答题

1. 数据安全的定义是什么？
2. 数据安全的特点有哪些？
3. 个人隐私信息包含哪些内容？
4. 简述代换加密的基本原理。
5. 主要的身份认证技术有哪些？
6. 简述什么是安全策略。

- 了解大数据在旅游业中的应用。
- 了解大数据在教育业中的应用。
- 了解大数据在金融业中的应用。

9.1　旅游大数据

9.1.1　旅游大数据的发展

旅游大数据

近年来，随着我国国民经济的持续增长，旅游已经成为衡量现代生活水平的重要指标，旅游也成为一个时尚的话题。与此同时，随着社会信息化的发展，公众意识的不断提升，人们对旅游质量也提出了更高的要求。

1. 旅游大数据的支持

目前支撑旅游的技术逐渐成熟和完善，有关政策环境日益优化，主要体现在以下两点。

（1）云计算、物联网、人工智能、移动互联网、5G 助力旅游进入新阶段

科技赋能文化旅游高质量发展，以数智技术作为核心生产要素，从新场景拓展、新业态打造、新产品研发、新技术应用等方面，促进文旅深度融合。随着 5G、VR、AI 等数字技术的广泛应用，文旅数字化场景也不断创新发展，文旅消费空间从传统空间向创新型、体验型、虚拟型、临时型等空间延展，文化传播与服务呈现多渠道、多终端等特点。推动和拓展数字科技在文化旅游产业的应用范围和应用场景，有利于提升游客的全过程旅游体验和文旅公共场所数字化水平，为游客和用户提供信息查询、预览、体验等多方面的服务。

（2）政策环境日益优化

一直以来我国都注重旅游业的发展，特别是在大数据已上升为国家战略的今天，国家在政府数据共享开放、配套法律法规完善、信息安全和隐私保护、关键技术研发等方面做了明确部署，这为旅游大数据发展提供了良好的环境。

2. 智慧旅游的概念及其发展

智慧旅游也称智能旅游，不可或缺的因素是云计算、物联网等前沿信息技术的综合应用，旅游企业可以利用网络向广大受众及时发布相关企业动态和旅游信息；游客用手机、计算机和其他网络终端设备，可以合理安排和制定旅游行程，提前做好如预订机票、酒店、餐厅等准备。这种智能化的发展模式在为游客提供方便的同时，也为推动旅游企业在管理中不断创新发

挥了巨大作用。

智能旅游的发展为旅游业做出了深刻的实践探索，并且为旅游业的进一步发展奠定了基础。智慧旅游的形式越来越多样化，比较常见的应用是一些地方的旅游景点纷纷与各大门户网站紧密合作，建立动态监测旅游景区评价系统，以便游客了解动态的旅游信息。图 9-1 所示为智慧旅游涉及的领域。

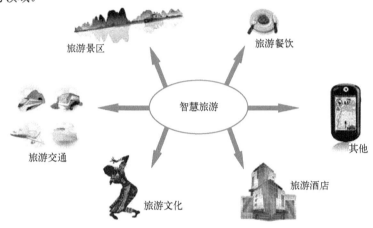

图 9-1　智慧旅游涉及的领域

9.1.2　大数据对旅游行业的影响

随着大数据应用的不断深入，旅游大数据得到了业界的高度重视。在旅游业中引入大数据，可以更加贴近消费者，深刻理解消费者需求，高效分析信息并做出预判。大数据对旅游业的影响主要有以下几点。

1. 有助于行业精确定位

旅游品牌是旅游服务的前提和保证，基于市场数据进行分析和调研是品牌定位的第一步。在旅游行业中充分挖掘品牌价值，需要构建大数据战略，拓宽旅游行业调研数据的广度和深度。在调研中，应从海量数据中充分了解旅游行业的市场构成、细分市场特征、消费者需求和竞争者状况等众多因素；并在科学系统的数据收集、管理、分析的基础上，提出更好地解决问题的方案和建议，以保证旅游品牌市场定位的独特性。

2. 提高服务质量

利用旅游行业数据库进行大数据分析，进行分析建模，并依托行业数据分析推演，可以有效地了解旅游政府部门和景区的公共服务体系的完善度，真正提高旅游公共服务满意度。

例如，通过大数据技术将分散、海量的旅游信息整合起来，筛选出有用的信息，以更友好的方式呈现出来，方便游客安排行程。

3. 改善经营管理

通过对数据的挖掘和分析，有效指导旅游局和景区的管理工作，根据游客的特征和偏好，提供适合的旅游产品和服务，并利用大数据进行产业运行状况分析，进行有效的监测，对产业实施有效的管理，推动旅游产业的建设。

例如，通过对大量数据的分析和挖掘，指导和管理工作，酒店可以更加精准地根据游客的特征和偏好推荐有吸引力的旅游产品和服务；旅游景区可以更好地进行客流疏导和调控；旅行社也可以更方便地整合信息资源而开发出更有针对性和个性化的旅游产品等。

4．改变营销策略

大数据公司通过各种旅游数据可以了解用户画像数据、掌握游客的行为和偏好，真正地做到"投其所好"，并最终实现推广资源效率和效果最大化。

例如，大数据时代中的旅游可以采用离线商务模式，将线下商店的消息快速地推送给互联网用户。

此外，在新媒体营销中还可以利用微博、微信和公众号等方便转发和分享的优势，积累游客的评价，从而实现精准营销。

9.1.3　大数据在旅游行业中的应用

1．大数据在旅游景区中的应用

首先，可以建立一个旅游景区的数据统计网站，包含景区人数、车辆数量、天气情况及景区承载量等多项数据。景区管理者可以将提前预订游客和散客的现场入园数据及时上传到网上，游客可以根据人数的统计结合景区的承载量，来判断在一段时间内是否适合进入该景区。同时，统计停车位占用情况也可以帮助游客选择去景点的方式是自驾游还是乘坐公共交通。

其次，通过对这些数据进行分析，还可以适当地引导游客的出行，如将游客引导至不太拥挤的景区。通过大数据的分析和预测，不仅可以给游客一个愉快的旅游体验，而且能减缓景区的压力，避免造成一些不必要的旅游纠纷，还可以适当均衡热门和冷门景点。数据的公开透明是大的趋势，游客和景区都应该充分利用大数据来打造一个适合自己的旅游方式。

2．大数据在旅行社中的应用

大数据的产生对旅行社的经营来说，机会与威胁并存。机会体现在以下几方面：通过大数据，可以知道游客喜欢什么样的产品，进而开发适销对路的产品；通过大数据的分析，旅行社可以了解游客主要来自哪些地区，从而有针对性地进行营销和制定游客所喜欢的线路；通过大数据的公开透明化，可以优化资源，最大限度地降低旅行社的经营成本，实现利润的最大化。

同时，大数据信息的公开化和透明化也给旅行社的经营带来了一些威胁：一方面，旅行社之间的竞争更加激烈；另一方面，游客自己掌握了相关信息之后选择自助游也是一种大趋势，这势必给旅行社的经营造成一定的压力。因此，旅行社只有不断提高自身的服务水平，开发有特色的旅游新产品，才能适应环境的变化。

3．大数据在酒店中的应用

（1）大数据有助于酒店进行精确的品牌定位

一个成功的市场定位，能够使一个企业的品牌快速成长，而基于大数据的市场分析和调研是企业进行品牌定位的第一步。酒店企业要想在竞争激烈的市场中分得一杯羹，需要架构大数据战略，拓宽酒店行业调研数据的广度和深度，从大数据中了解酒店行业市场构成、细分市场特征、消费者需求和竞争者状况等众多因素，在科学系统的数据收集、管理、分析的基础上，找到更好的品牌定位方案，保证企业品牌在市场上的定位独具特色，提高企业品牌市场定位的行业接受度。

（2）大数据成为酒店行业市场营销的利器

由于搜索引擎、社交网络及智能移动设备的广泛使用，互联网上的信息总量正以极快的速度增长。这些信息涵盖行业资讯、产品使用体验、商品浏览记录、商品成交记录、产品价格动态等，通过聚类可以形成酒店行业大数据，其背后隐藏的是酒店行业的市场需求、竞争情报，蕴含巨大的商业价值。

在酒店行业市场营销工作中，一是通过获取数据并加以统计分析来充分了解市场信息，掌握竞争者的商情和动态，知晓自身产品的市场地位，以达到"知己知彼，百战不殆"的目的；二是积累和挖掘客户数据，有助于企业分析客户的消费行为和价值取向，以更好地为客户服务和发展忠诚客户。

（3）大数据支撑酒店行业的收益管理

收益管理作为实现收益最大化的一门理论学科，近年来受到酒店行业人士的普遍关注和推广运用。收益管理意在把合适的产品或服务，在合适的时间，以合适的价格，通过合适的销售渠道，出售给合适的客户，最终实现企业收益最大化。要达到收益管理的目标，需求预测、细分市场和敏感度分析是其中三项重要的工作环节，而这三个环节推进的基础就是大数据。

（4）大数据有助于酒店行业需求开发

随着论坛、博客、微博、微信、电商平台、点评网等媒介在计算机端和移动端的发展，公众分享信息变得非常便捷和自由，而这些公众分享的信息中蕴藏了巨大的酒店行业需求开发价值，值得企业管理者重视。

4．大数据在旅游交通中的应用

（1）应用大数据解决交通拥堵问题

现在的许多移动设备都能接收 GPS 信号，能够规划路线，并实时显示路况信息，游客可以根据自己的实际情况选择最不拥挤的道路，这样就可以尽快地到达目的地。

（2）应用大数据处理恶劣天气的道路情况

使用气象信息站和交通高速数据的信息，可以对恶劣天气进行监测，并监测道路受其影响的程度，及之后修复需要耗费的时间，从而提高处理道路状况的效率，确保游客在旅行过程中的生命财产安全和整个旅行计划的顺利完成。

5．大数据在旅游行政部门中的应用

旅游行政部门作为旅游业的管理部门，可对游客旅游过程中产生的数据、旅游企业经营活动中产生的数据以及各旅游景区管理中产生的数据进行深入挖掘分析，为旅游行业制定相关政策，促进行业转型升级。

9.1.4 旅游大数据的实现

大数据旅游的实现框架如图 9-2 所示。

从图 9-2 中可以看出，大数据旅游的实现以物联网、无线网络、云平台为基础，以智慧景区平台或旅游信息发布系统为依托，并融合了游客、景区景点、商家服务及旅游行政管理机构等多个因素共同构建而成。在大数据旅游中，各种旅游数据的采集是基础，旅游数据的分析是关键，为游客提供服务则是最终目的。

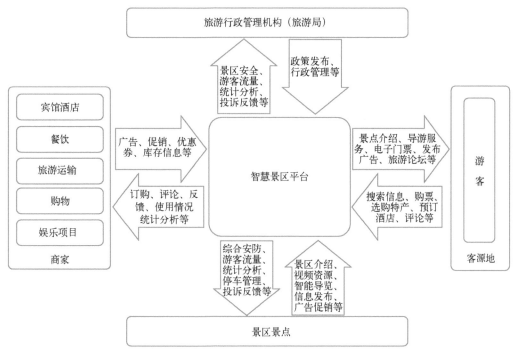

图 9-2 大数据旅游的实现框架

9.1.5 旅游大数据面临的问题

（1）数据收集渠道单一，缺乏统一标准

随着互联网的快速发展，大数据已成为智慧旅游发展中的重要工具，但目前的旅游数据还存在收集渠道单一、缺乏统一标准的弊端，使得数据的准确度低、利用率低。虽然数据量巨大，但如何根据已有的数据进行数据挖掘、发挥大数据的实际功效是今后的研究重点。

（2）大数据分析人才短缺

大数据应用的本质在于，从不相关的数据中找到相关性，因此需要具有信息技术和旅游背景的复合型人才进行专业分析。但目前国内从事数据分析工作的主要以网络信息人才为主，这类人往往熟谙信息技术，但不精于对旅游大数据的挖掘和整理，这给当下智慧旅游大数据的建设带来了阻碍。

（3）开放性与隐私的冲突

隐私安全是大数据时代面临的一大挑战。数据开放共享是大数据竞争的战略核心，但随之而来的是数据安全与数据隐私方面的问题。如何处理数据开放性与隐私安全的平衡，是大数据应用的一个难题。

9.2 教育大数据

9.2.1 教育大数据概述

1. 教育大数据介绍

教育大数据是指在教育活动过程中所产生的，以及根据教育需要所采集到的、用于教育发展和研究的、价值巨大的数据集合。教育大数据不仅仅是大数据在教育领域的应用,它还通过教育领域反向驱动大数据技术分化为独立的分支,从而带来了对传统教育领域问题解决的新途径,甚至可以跨越传统个性化学习的精确逻辑推理过程而直接分析全样本学习者特征,以促进教育管理科学化变革、促进教学模式改革、促进个性化教育变革、促进教育评价体系改革、促进科学研究变革等。

当前,在大数据、云计算、人工智能等新技术的应用下,教育行业迎来了前所未有的挑战与机遇。传统的教育行业正逐步向信息化迈进,各教学应用应运而生。推动教育行业信息化,大数据技术应用在教育行业中能够发挥不容小觑的影响力,特别是在智能风控预警、学生成长轨迹跟踪等方面产生深刻影响。例如,学校可以构建教育大数据技术平台,通过教育大数据技术平台搭建不同的数据模型,将大量用户的海量信息归类、整理,抽象出不同的用户图像,不仅可以针对个人推送最适合的优质教学资源,还能对教学资源做优化整理,促进教学资源更人性化、更优质化。

可以预见的是,大数据与教育的深度融合已经成为未来教育事业发展的必然趋势,未来我国教育大数据的发展将会对整个行业产生深远的影响。

2. 教育大数据的作用

(1) 教育大数据对教育管理的支持

传统的教育决策制定形式常被形象地称为"拍脑袋"决策,是指决策者常常不顾实际情况,以自己有限的理解、假想、推测,依据直觉、冲动或趋势来制定政策。这种来自决策者"头脑发热"的决策,经常处于朝令夕改的尴尬境地,教育大数据可以帮助解决这种不足。

在大数据时代,教育者将更加依赖于数据和分析,而不是直觉和经验;同样,教育大数据还将改变领导力和管理的本质。服务管理、数据科学管理将取代传统的行政管理、经验管理。利用大数据技术可以深度挖掘教育数据中的隐藏信息,暴露教育过程中存在的问题,为优化教育管理提供决策参考。大数据不仅可以运行和维护各教育机构的人事信息、教育经费、办学条件和服务管理的数据,而且可以长期积累所有类型教育机构的数据,利用统计分析、应用模型等技术将数据转换为知识,最终为教育者提供科学的教学方法。

(2) 教育大数据对教学模式的支持

教育大数据推进智慧学习的实现。教师在智慧教学环境下,利用大数据技术可以更深入地了解每一个学习者的学习状况,并且与学习者的沟通更加通畅,教师的整个教学过程和学习者的学习过程更加精准化和智能化。教师对教学过程的掌握从依靠经验转向以教育数据分析为支撑,学生对于自己学习状况的了解从模糊发展到心中有数,可以更好地认识自我、发展自我、规划自我。大数据技术可以帮助教师及时调整教学计划和教学方法,有利于教师自身能力提高和职业发展。

(3) 教育大数据对个性化学习的支持

在教育大数据中,除了学生学习的行为可以被记录下来外,学生关于学习资源的数据也可以被精确记录下来,如资源的单击时间和停留时长、回答问题的正确率、重复次数、参考阅读的内容、回访率和其他资源信息等。通过大数据可以为每个学生定制个人学习报告,分析学习过程中潜在的学习规律,还可以找到学生的学习特点、兴趣爱好和行为倾向,使当前的教学状态一目了然。大数据技术使教育围绕学习者展开,使传统的集体教育方式转向为个性化学习方式，同时还伴随着教育者和学习者思维方式的改变，朝着个性化学习的方向迈进，使得精准的个性化学习成为可能。

（4）教育大数据对教育评价的支持

目前，教育评价正在从"经验主义"走向"数据主义"，从"宏观群体评价"走向"微观个体评价"，从"单一评价"走向"综合评价"。教育大数据下教育评价的变化，不仅表现在评价思想上，还包括评价方法，不仅包括对学生的评价，还包括对教学管理、评估质量等具体水平的评价。教学评价不再仅仅考虑考试成绩和是否遵守纪律及教师的主观感受等，而由大量的数据综合得出，为实现教学评价的公正提供了依据，优化了教学方向。教育评价可以是多元化的，而不是仅停留在知识掌握程度这一单一维度上。

图 9-3 所示为大数据在教育中的作用。

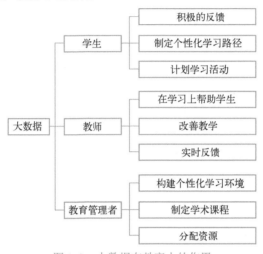

图 9-3　大数据在教育中的作用

9.2.2　教育大数据的实现

1. 教育大数据的来源

教育是一个十分复杂的系统，涉及教学、管理、教研、服务等诸多业务。教育系统虽然在不同地区、不同学校的教育业务上具有一定的共性，但其差异性也很突出，而其差异性直接导致教育数据来源更加多元、数据采集更加复杂。

教育大数据产生于各种教育实践活动，既包括校园环境下的教学活动、管理活动、科研活动及校园生活，也包括家庭、社区、博物馆、图书馆等非校园环境下的学习活动；既包括线上的教育教学活动，也包括线下的教育教学活动。

教育大数据的核心数据源头是"人"和"物"。其中，"人"包括学生、教师、管理者和家长，"物"则包括信息系统、校园网站，以及服务器、多媒体设备等各种教育装备。

依据来源和范围的不同，可以将教育大数据分为个体教育大数据、课程教育大数据、班级教育大数据、学校教育大数据、区域教育大数据和国家教育大数据六种。

1）个体教育大数据，主要包含用户各种行为数据和用户状态描述数据。

2）课程教育大数据，主要包含课程信息数据和师生互动数据。

3）班级教育大数据，主要包含作业数据、考试数据和课堂录像视频数据。

4）学校教育大数据，主要包含学校管理数据和校园生活数据。

5）区域教育大数据，主要包含区域性的教育行政管理数据和社会培训数据。

6）国家教育大数据，主要包含全国各地的教育数据。

值得注意的是，在教育行业中获取相关数据并不是一件容易的事。对于大学阶段的学生而言，数据的收集并不是主要问题。然而，对于中小学阶段的学生而言，挑战却很大，因为有些数据的收集存在法律问题，有的则存在伦理道德的问题。

2. 教育大数据的分类

教育大数据有多种分类方式。从数据产生的业务来源来分，包括教学类数据、管理类数据、科研类数据及服务类数据。从数据产生的技术场景来分，包括感知数据、业务数据和互联网数据等。从数据结构化程度来分，包括结构化数据、半结构化数据和非结构化数据。其中，结构化数据适合用二维表存储。从数据产生的环节来分，包括过程性数据和结果性数据。其中，过程性数据是活动过程中采集到的、难以量化的数据，如课堂互动、在线作业、网络搜索等；结果性数据则常表现为某种可量化的数据，如成绩、等级、数量等。

3. 教育大数据的结构模型

整体来说，教育大数据的结构模型可以分为四层，由内到外分别是基础层、状态层、资源层和行为层，如图9-4所示。

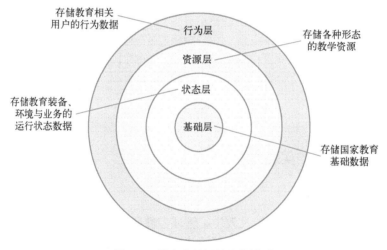

图9-4　教育大数据的结构模型

（1）基础层

基础层存储我国教育数据中最基础的数据，包括教育部2012年发布的7个教育管理信息系列标准中提到的所有内容，如学校管理信息、行政管理信息和教育统计信息等。

（2）状态层

状态层主要存储各种教学装备、环境与业务的运行状态数据，如学校中教学设备的耗能、故障、运行时间数据，校园空气质量，教室光照度及教学进度数据等。

（3）资源层

资源层存储关于各种形态的教学资源数据，如PPT课件、微课、教学视频、图片、教学软件和试题等。

（4）行为层

行为层存储与教育相关用户（包括教师、学生、教研员和教育管理者等）的行为数据，如学生的学习行为数据、教师的教学行为数据、教研员的教学指导行为数据以及教育管理者的管理行为数据等。

4．教育大数据中的主要技术

目前，教育工作者和研究者已经开发出从大数据中提取有价值信息的几种主要技术。

1）预测。觉知预料中的事实的可能性。例如，具备知道一个学生在什么情况下尽管事实上有能力但却有意回答错误的能力。

2）聚类。发现自然集中起来的数据点。这对于把有相同学习兴趣的学生分在一组很有用。

3）相关性挖掘。发现各种变量之间的关系，并对其进行解码以便今后使用它们。这对探知学生在寻求帮助后是否能够正确回答问题的可靠性很有帮助。

9.2.3　数字化校园

1．数字化校园简介

数字化校园是其以数字化信息和网络为基础，在计算机和网络技术的基础上建立起来，对教学、科研、管理、技术服务、生活服务等校园信息进行收集、处理、整合、存储、传输和应用，使数字资源得到充分利用的一种虚拟教育环境。通过实现从环境（包括设备、教室等）、资源（包括图书、讲义、课件等）到应用（包括教、学、管理、服务、办公等）的全部数字化，在传统校园基础上构建一个数字空间，以拓展现实校园的时间和空间维度，提升传统校园的运行效率，扩展传统校园的业务功能，最终实现教育过程的全面信息化，从而达到提高管理水平和效率的目的。

2．数字化校园的建设目标

在大数据背景下，数字化校园的建设目标主要有以下几个。

1）优化大数据传输基础网络建设。在进行网络接入建设的过程中，最为重要的就是数据传输能力。教学事业信息化发展将推动信息化技术在教学和学习过程中发挥更加重要的作用，对在线视频课程的需求也将发生显著的提高。所以在进行网络建设的过程中，需要选择最为合理的综合布线技术和设备，为更好地利用大数据打好基础。在进行数字校园网络建设的过程中，对数据传输模式进行科学合理的选择，其中光纤到办公室（Fiber To The Office，FTTO）模式是较为常用的数据传输模式，其具有速度快、节约成本与能源、有效减少电磁干扰的优点。

2）完善数据管理制度。在进行数字化校园建设的过程中，需要对采集与处理的数据进行明确界定，包括数据种类、数据采集方法、数据存储方法、数据处理过程等，这些内容都需要通过数据管理制度对其进行规定。想要保证数字化校园建设能够科学合理地进行，对数据管理制度进行完善是非常必要的。

3）对数据资源进行完善。最大限度地将校园中的各个环节实现数据化，包括人、财、物、学、管等多方面，提高学校进行数据采集和处理的能力。在传统的数据系统中，各个环节之间的数据都是相互独立的，而想要真正实现数字化校园，就需要将这些独立的环节联系起来，从而使得数据采集的资源更加广泛。

4）加强数据分析与应用能力。我国目前的数字化校园还不具备大数据分析功能，或者仅仅是能够进行小范围的传统数据分析，对于大数据的分析与处理能力还很低，所以想要保证数字化校园的有效建设，加强数据分析与应用能力是非常必要的。

3. 数字化校园的建设内容

在大数据背景下，数字化校园的建设内容主要包括以下几个方面。

1）信息化支撑环境建设。所谓的支撑环境是指大数据传输的基础网络，需要保证这个网络能够与校园中的各个设备进行有效的连接，实现对各种数据的传输，实现无线网络覆盖。

2）数据安全保障系统建设。它主要包括安防监控系统、消防系统及防雷系统等。

3）云服务平台建设。想要保证大数据背景下的数字化校园的正常建设，实现云服务平台的建设是非常关键的。通过云计算技术能够实现对原有设备的整合，使得其应用价值得到有效提升，从而为师生提供更加全面的服务。在进行云服务平台建设的过程中，可以使用开源软件。通过运用云平台，能够使校园网络更加健壮，并且在任何时候都能进行数据收集。

4）大数据标准体系建设。对于数字化校园网络建设来说，标准体系并不是像编写一个文档那么简单，建设大数据标准体系需要投入更多的精力。大数据标准体系的建设能够保证数字校园的质量与水平得到有效的提高。

5）大数据处理与分析系统建设。在大数据背景下，数字化校园建设的核心主要有两个：一是将大数据分析结果在教学与科研过程中进行充分利用，从而有效提高教学效果；二是使大数据对教育信息化发展起到积极的推动作用。

6）大数据采集系统建设。大数据采集系统主要分为两个部分，即硬件和软件，通过软件对硬件进行控制。硬件主要包括计算机机房、电子阅览室、视频监控、存储设备等，软件主要包括教务管理系统、资产管理系统、科研管理系统等。

9.2.4 教育大数据的应用实例

1. 大数据在校园网用户行为分析方面的作用

现今数据处理技术和能力都得到了质的飞跃，大数据给人类社会带来了诸多革命性的变化，而校园网的出现则是传统"言传身教"教育的一次革命。校园网用户行为分析的研究是通过对校园网络的测量和分析，挖掘和发现网络中呈现出来的各种行为规律，同时识别一些异常网络行为，最后做用户行为分析展示。这样便于学校采取对应的策略及措施引导学生健康上网，从而使校园网真正成为学生获取知识的平台，提高学生的整体综合素质。

例如，基于大数据的校园网用户行为分析系统，从网站浏览信息、网站发帖留言、搜索关键词、网络购物四个维度来描述基于校园网的学生用户行为。通过对网络内容的分析，可以进一步细化到学生用户在网络中的具体行为，如发表的言论和帖子、对网络资源的兴趣和偏好等，从而有效掌握学生的上网行为动态。

2. 数据挖掘在学习分析及干预中的应用

目前在教育领域中已经开发和应用了多款学习分析系统，主要集中在绩效评估、学习过程预测与学习活动干预三个方面。

1）绩效评估，如美国北亚利桑那大学（Northern Arizona University）开发的等级绩效状态（Grade Performance Status，GPS）系统，可实现全校在校学生的课堂学习绩效评估。该系统能为教师提供最新的学生出勤情况和学生的反馈意见，为学生提供教师的最新评价和重大事项提醒。

2）学习过程预测，如澳大利亚伍伦贡大学（University of Wollongong）开发的适应教育实践的社交网络（Social Networks Adapting Pedagogical Practice，SnapP）系统。该系统可以记载和分析在线学习者的网络活动情况（如学生在线时间、浏览论坛次数、聊天内容等），使教师能深入了解学习者的行为模式，进而调整教学方式，最大化地为学习者提供适合的教学指导。

3）学习活动干预，可分为人工干预和自动干预，现在主要集中在人工干预上，借助绩效评估工具和学习活动预测工具，由教师完成学习干预。自动干预是未来学习分析技术发展的方向，大数据将为这一目标的实现提供强大动力。

在教育管理改革方面，学习分析技术能为学校教育管理系统的方方面面提供指导教学管理活动的相关数据。依靠这些数据，学校管理部门可以有针对性地完善不足之处，修订教育管理方案，优化教学资源配置。

在教学改革方面，学习分析技术能在真正意义上营造信息化的教学环境，保证教师提供的学习服务契合学习者个性化学习、协作学习的需要。传统教学模式中，教师无法保证所提供的学习资源能真正满足学生的学习需求，无法实时调整和分配资源，无法提供个性化的学业指导，无法及时了解学习过程中遇到的障碍。这些问题都限制了学校教育改革的深度，而学习分析技术恰恰可以弥补这些缺陷。通过应用学习分析的相关工具和大数据技术，教师可以及时获取学生的学习行为数据，从而支持一种既能体现教师主导作用，又能兼顾学生主体地位的新型教学方式，以最大化地激发学生的潜能，为新世纪培养创新性人才。

3. 大数据在课程建设方面的作用

在大数据时代，学习者在数字化学习过程中留下很多碎片，通过分析这些碎片会发现学习者的各种学习行为模式。大数据对课堂教学带来的主要影响是，使教师从依赖以往的教学经验教学转向依赖海量教学数据分析进行教学，使学习者对自我发展的认识从依赖教师有限的理性判断转向对个体学习过程的数据分析，从而使传统的集体教育转向对学习者的个性化教育。

目前流行的大规模在线开放课程（Massive Open Online Course，MOOC，又称慕课）被寄予厚望的主要原因是学习分析技术和大数据对它的支持，大数据分析使优质的课程资源和服务被真实、客观地呈现出来。例如，对每一门课程资源和支持服务系统的建设和维护都建立在学习者使用过程的数据分析基础上，从而使提供的课程内容更符合学习者的需求，教学指导更具有针对性，进而提高学习者的学习积极性，促进学习的成功实现。学习者在 MOOC 平台上学习时，教师和程序可以通过大数据对学习者的学习行为进行理性干预。例如，通过预测认知模型为学习者自动提供适合的学习内容和学习活动方案，通过作业情况、留言板以及讨论区的问题讨论情况发现存在学习困难的学习者，以确保及时对其学习进行有效干预等。图 9-5 所示为在线开放课程的组成。图 9-6 所示为学堂在线首页。

4. 大数据在助学贷款方面的作用

国家助学贷款始于 2000 年，此后全国各地的普通高等院校陆续开办国家助学贷款业务。但由于政策设计的缺陷、学生个人的诚信缺失、银行的积极性等多方面的问题，贷款业务开展出现较大差异，如东部好于西部，南部优于北部，部属院校高于地方院校等。因此，国家逐步修正了贷款政策，加大贷款工作力度和政策扶持力度，国家助学贷款工作才得以继续进行。但国家对家庭经济困难学生没有给出界定，更缺乏界定标准，因此各高校在确定助学贷款资助对象时，只能依靠学生个人陈述、老师自己的判断、同学之间的投票等方法对困难学生加以界定，以致帮困助学工作的困难越来越多。同时，信息沟通缺乏有效的渠道，管理缺少统一的工作平台，很大程度制约了贷款工作的开展，影响了学校、银行工作的积极性。缺少信息的沟通，造成信息的不对称，也影响了贷款工作的开展，出现管理的滞后。

图 9-5 在线开放课程的组成

图 9-6 学堂在线首页

目前，在一些高校通过应用助学贷款决策系统，建立家庭经济困难状况指标评价体系。其中包括评价指标的设立、指标分值的量化等，最后由计算机进行决策计算，输出决策支持的结果。该结果可以帮助学校确定贷款资助对象，建立贷款信息数据仓库，并将贷款信息通过计算机进行处理，实现快捷、方便、及时、准确的数据动态管理。由此克服了银行、学校、学生、主管部门之间的信息不对称问题，实现科学决策、信息化管理的目标，有利于助学贷款工作的健康发展，也有利于减轻学校贷款工作的管理难度，并为帮困助学工作开辟了有效的途径。图 9-7 所示为大数据助学贷款系统架构。

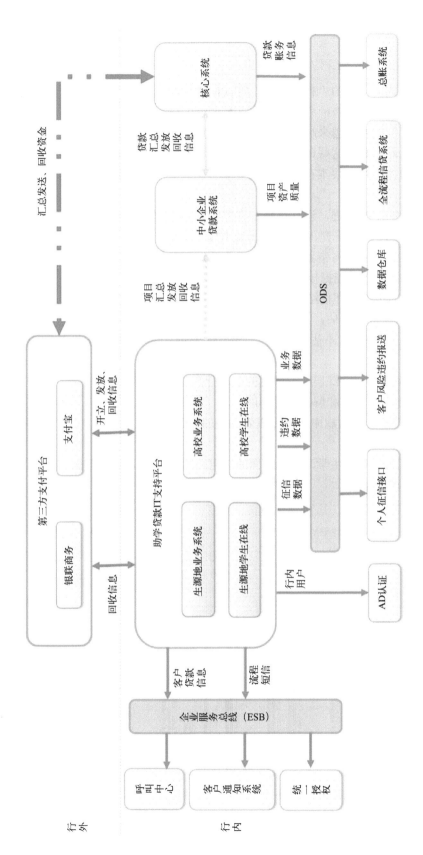

图 9-7　大数据助学贷款系统架构

5. 大数据在学生学习成果评估方面的作用

随着大学教学模式由传统的"行为主义"方式向"构建主义"方式过渡，如何更有效地对学生成绩进行评估也成为广大教师和评估工作人员面临的挑战之一。除了利用传统的考试方法对学生所学知识进行考核外，越来越多的授课教师侧重对学生的学习行为进行评价，如合作意识、创新精神、实践能力等。这些评价结果更有利于帮助学生提高学习效率，特别是应用知识的能力。但靠传统的评价方法很难有效地完成类似的评估工作，或者说评估结果的可靠性难以得到保证。

随着大数据技术的不断改进，近几年来，许多学者尝试利用数据挖掘技术提高对学生的学习评估有效性。哈佛大学的研究人员娇蒂·克拉克（Jody Clark）和克里斯·戴迪（Chris Dede）在这方面的尝试非常值得借鉴和参考。他们通过复杂的教育媒体收集与学生学习行为有关的丰富数据，然后利用数据挖掘技术对其进行分析和研究。

大数据下学生学习成果的评估结果价值体现在以下几个方面。

1）完成对学生的形成性评估，为教师及时提供信息反馈。

2）完成对学生的总结性评估，以真实的实践表现为基础了解学生最终掌握知识的情况。

3）根据学生的个性特征，深层了解学生的学习行为及学习成效。

4）合理评判学生合作学习和解决问题的能力。

5）通过对学生的学习行为规律和学习成效之间的"路径"关系进行"挖掘"，洞察学生的学习动态。

图9-8所示为大数据在学生学习成果方面的应用。图9-9所示为大数据在学生课程类型分布和综合成绩分布中的应用。

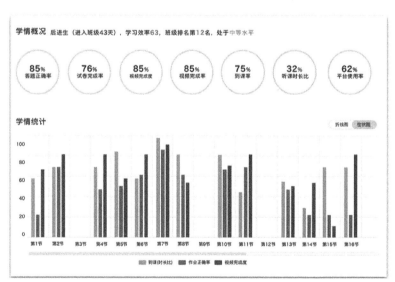

图9-8　大数据在学生学习成果方面的应用

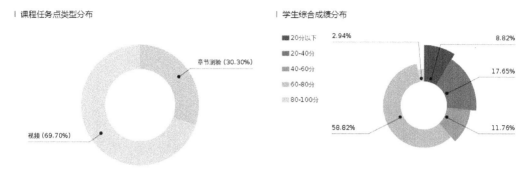

| 课程任务点类型分布
章节测验 (30.30%)
视频 (69.70%)

| 学生综合成绩分布
■ 20分以下 2.94% 8.82%
■ 20-40分
■ 40-60分 17.65%
■ 60-80分
■ 80-100分 11.76%
58.82%

图 9-9 大数据在学生课程类型分布和综合成绩分布中的应用

9.3 金融大数据

9.3.1 金融大数据概述

近年来，大数据、云计算、区块链、人工智能等新技术快速发展，这些新技术与金融业务深度融合，释放出了金融创新活力和应用潜能，这大大推动了我国金融业转型升级，助力金融更好地服务实体经济，有效促进了金融业整体发展。在这一发展过程中，又以大数据技术发展最为成熟、应用最为广泛。从发展特点和趋势来看，"金融云"的建设落地奠定了金融大数据的应用基础，金融数据与其他跨领域数据的融合应用不断强化，人工智能正在成为金融大数据应用的新方向，金融行业数据的整合、共享和开放正在成为趋势，给金融行业带来了新的发展机遇和巨大的发展动力。

从技术上看，大数据金融是指集合海量非结构化数据，通过对其进行实时分析，可以为互联网金融机构提供客户全方位信息，通过分析和挖掘客户的交易和消费信息，掌握客户的消费习惯并准确预测客户行为，使金融机构和金融服务平台在营销和风控方面做到有的放矢。

9.3.2 金融大数据的应用

大数据技术的应用提升了金融行业的资源配置效率，强化了风险管控能力，有效促进了金融业务的创新发展。金融大数据在银行业、证券行业、保险行业、支付清算行业和互联网金融行业都得到广泛的应用。图 9-10 所示为大数据在金融业中的典型应用。

1. 银行业大数据

银行业的大数据应用主要有以下几个方面。

（1）信贷风险评估

在传统方法中，银行对企业客户的违约风险评估多是基于过往的信贷数据和交易数据等静态数据。这种方式的最大弊端就是缺少前瞻性。因为影响企业违约的重要因素并不仅仅是企业历史的信用情况，还包括行业的整体发展状况和实时的经营情况，而大数据手段的介入使信贷风险评估更趋近于事实。

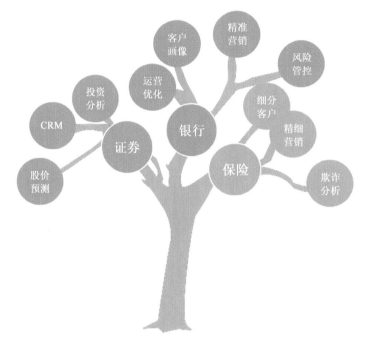

图9-10 大数据在金融业中的典型应用

内外部数据资源整合是大数据信贷风险评估的前提。一般来说，商业银行在识别客户需求、估算客户价值、判断客户优劣、预测客户违约可能的过程中，既需要借助银行内部已掌握的客户相关信息，也需要借助外部机构掌握的个人征信信息、客户公共评价信息、商务经营信息、收支消费信息、社会关联信息等。

（2）客户画像

客户画像应用主要分为个人客户画像和企业客户画像。个人客户画像包括人口统计学特征、消费能力、兴趣、风险偏好等数据；企业客户画像包括企业的生产、流通、运营、财务、销售、相关产业链上下游等数据。值得注意的是，银行拥有的客户信息并不全面，基于银行自身拥有的数据有时候难以得出理想的结果，甚至可能得出错误的结论。例如，如果某位信用卡客户月均刷卡8次，平均每次刷卡金额800元，平均每年打4次客服电话，从未有过投诉，按照传统的数据分析，该客户是一位满意度较高、流失风险较低的客户。但如果看到该客户的微博，得到的真实情况是：工资卡和信用卡不在同一家银行，还款不方便，好几次打客服电话没接通，客户多次在微博上抱怨，该客户流失风险较高。所以银行不仅仅要考虑银行自身业务所采集到的数据，更应考虑整合外部更多的数据，以加深对客户的了解。一般来讲，客户画像主要包括以下几个方面。

1）客户在社交媒体上的行为数据（如光大银行建立了社交网络信息数据库），通过打通银行内部数据和外部社会化的数据，可以获得更为完整的客户拼图，从而进行更为精准的营销和管理。

2）客户在电商网站的交易数据。例如，建设银行将自己的电子商务平台和信贷业务结合起来；阿里金融为阿里巴巴用户提供无抵押贷款，用户只需要凭借过去的信用即可。

3）企业客户的产业链上下游。如果银行掌握了企业所在的产业链上下游的数据，可以更好地掌握企业的外部环境发展情况，从而可以预测企业未来的状况。

4）其他有利于扩展银行对客户兴趣爱好的数据，如网络广告界目前正在兴起的数据管理平台（Data Management Platform，DMP）的互联网用户行为数据。

图 9-11 所示为金融大数据中的用户画像。

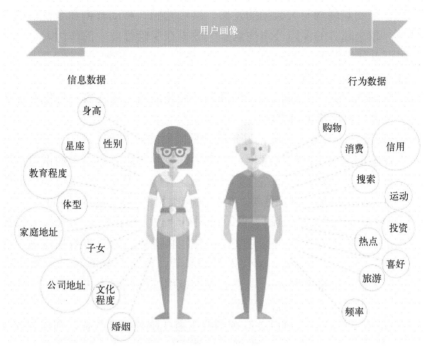

图 9-11　金融大数据中的用户画像

（3）供应链金融

利用大数据技术，银行可以根据企业之间的投资、控股、借贷、担保以及股东和法人之间的关系，形成企业之间的关系图谱，利于关联企业分析及风险控制。在关系图谱的基础上再通过建立数据之间的关联链接，将碎片化的数据有机地组织起来，让数据更容易被人和机器理解和处理，并为搜索、挖掘、分析等提供便利。

在风控上，银行以核心企业为切入点，将供应链上的多个关键企业作为一个整体，利用交往圈分析模型，持续观察企业间的通信交往数据变化情况，并通过与基线数据的对比来洞察异常的交往动态，评估供应链的健康度及为企业贷后风控提供参考依据。

（4）运营优化

1）市场和渠道分析优化。通过大数据，银行可以监控不同市场推广渠道尤其是网络渠道推广的质量，从而进行合作渠道的调整和优化。同时，也可以分析哪些渠道更适合推广哪类银行产品或服务，从而进行渠道推广策略的优化。

2）产品和服务优化。银行可以将客户行为转化为信息流，并从中分析客户的个性特征和风险偏好，更深层次地理解客户的习惯，智能化分析和预测客户需求，从而进行产品创新和服务优化。例如，兴业银行对大数据进行初步分析，通过对还款数据的挖掘比较区分优质客户，根据客户还款数额的差别，提供差异化的金融产品和服务方式。

3）舆情分析。银行可以通过网络爬虫技术，抓取社区、论坛和微博上关于银行以及银行产品和服务的相关信息，并通过自然语言处理技术进行正负面判断，尤其是及时掌握银行以及银行产品和服务的负面信息，及时发现和处理问题；对于正面信息，可以加以总结并继续强化。同时，银行也可以抓取同行业的银行正负面信息，及时了解同行做得好的方面，以作为自身业务优化的借鉴。

2. 保险业大数据

随着互联网、移动互联网及大数据的发展，网络营销、移动营销和个性化的电话营销的作用将会日趋显现，越来越多的保险公司注意到大数据在保险行业中的作用。总的来说，保险行业的大数据应用可以分为以下三大方面。

（1）客户细分及精细化营销

客户细分及精细化营销主要包括客户细分和差异化服务、潜在客户挖掘和流失客户预测、客户关联销售以及客户精准营销等方面。

1）客户细分和差异化服务。风险偏好是确定保险需求的关键。风险喜好者、风险中立者和风险厌恶者对于保险需求有不同的态度。一般来讲，风险厌恶者有更大的保险需求。在客户细分的时候，除了风险偏好数据外，要结合客户职业、爱好、习惯、家庭结构、消费方式偏好数据，利用机器学习算法来对客户进行分类，并针对分类后的客户提供不同的产品和服务策略。

2）潜在客户挖掘和流失客户预测。保险公司可通过大数据整合客户线上和线下的相关行为，通过数据挖掘手段对潜在客户进行分类，细化销售重点。通过大数据挖掘，综合考虑客户的信息、险种信息、既往出险情况、销售人员信息等，筛选出影响客户退保或续期的关键因素，并通过这些因素和建立的模型，对客户的退保概率或续期概率进行估计，找出高风险流失客户，及时预警，制定挽留策略，提高保单续保率。

3）客户关联销售。保险公司可以关联规则找出最佳险种销售组合，利用时序规则找出客户生命周期中购买保险的时间顺序，从而把握保户提高保额的时机，建立既有保户再销售清单与规则，从而促进保单的销售。除了这些做法以外，借助大数据，保险业可以直接锁定客户需求。以淘宝运费退货险为例。据统计，淘宝用户运费险索赔率在50%以上，该产品为保险公司带来的利润只有5%左右，但是很多保险公司都有意愿去提供这种保险。因为客户购买运费险后保险公司就可以获得该客户的个人基本信息，包括手机号和银行账户信息等，并能够了解该客户购买的产品信息，从而实现精准推送。假设该客户购买并退货的是婴儿奶粉，就可以估计该客户家里有小孩，可以向其推荐关于儿童疾病险、教育险等利润率更高的产品。

4）客户精准营销。在网络营销领域，保险公司可以通过收集互联网用户的各类数据，如地域分布等属性数据，搜索关键词等即时数据，购物行为、浏览行为等行为数据，以及兴趣爱好、人脉关系等社交数据，在广告推送中实现地域定向、需求定向、偏好定向、关系定向等定向方式，实现精准营销。

（2）欺诈行为分析

欺诈行为分析主要包括医疗保险欺诈与滥用分析以及车险欺诈分析等方面。

1）医疗保险欺诈与滥用分析。医疗保险欺诈与滥用通常可分为两种，一种是非法骗取保险金，即医疗保险欺诈；另一种则是在保额限度内重复就医、浮报理赔金额等，即医疗保险滥用。保险公司可以利用过去的数据，寻找影响保险欺诈最为显著的因素及这些因素的取值区间，建立预测模型，并通过自动化计分功能，快速将理赔案件依照滥用和欺诈可能性进行分类处理。

2）车险欺诈分析。保险公司可以利用过去的欺诈事件建立预测模型，将理赔申请分级处理，这可以在很大程度上解决车险欺诈问题，包括车险理赔申请欺诈侦测、业务员及修车厂勾结欺诈侦测等。

（3）精细化运营

精细化运营主要包括产品优化、运营分析及代理人甄选等方面。

1）产品优化。过去在没有精细化的数据分析和挖掘的情况下，保险公司把很多人都放在同一风险水平之上，客户的保单并没有完全解决客户的各种风险问题。在大数据下，保险公司可以通过自有数据以及客户在社交网络的数据，解决现有的风险控制问题，为客户制定个性化的保单，获得更准确及更高利润率的保单模型，并为每一位客户提供个性化的解决方案。

2）运营分析。基于企业内外部运营、管理和交互数据分析，借助大数据平台，全方位统计和预测企业经营和管理绩效。基于保险保单和客户交互数据进行建模，借助大数据平台快速分析和预测再次发生赔付的风险或者新的市场风险、操作风险等。

3）代理人（保险销售人员）甄选。根据代理人（保险销售人员）的业绩数据、性别、年龄、入司前工作年限、其他保险公司经验和代理人思维性向测试等，找出销售业绩相对最好的代理人的特征，优选高潜力代理人。

图 9-12 所示为在保险业中的常见大数据应用。

图 9-12　在保险业中的常见大数据应用

3. 证券业大数据

大数据在证券业中的应用主要包括以下三个方面。

（1）股市行情预测

大数据可以有效拓宽证券企业量化投资数据维度，帮助企业更精准地了解市场行情。随着大数据广泛应用、数据规模爆发式增长以及数据分析和处理能力显著提升，量化投资将获取更广阔的数据资源，构建更多元的量化因子，投研模型更加完善。

证券企业应用大数据对海量个人投资者样本进行持续性跟踪监测，对账本投资收益率、持仓率、资金流动情况等一系列指标进行统计、加权汇总，了解个人投资者交易行为的变化、投资信心的状态与发展趋势、对市场的预期以及当前的风险偏好等，对市场行情进行预测。

（2）股价预测

证券行业具有自身的特点，与其他行业产品与服务的价值衡量普遍存在间接性的特点不同，证券行业客户的投资与收益以直接的、客观的货币形式呈现。受证券行业自身特点和行业监管要求的限制，证券行业金融业务与产品的设计、营销与销售方式也与其他行业具有鲜明的差异，专业性更强。

诺贝尔经济学奖得主罗伯特·席勒设计的投资模型至今仍被业内沿用。在他的模型中，主要参考三个变量：投资项目计划的现金流、公司资本的估算成本、股票市场对投资的反应（市场情绪）。大数据技术可以收集并分析社交网络如微博、朋友圈、专业论坛等渠道上的结构化和非结构化数据，了解市场对特定企业的观感，使得市场情绪感知成为可能。

（3）智能投顾

智能投顾是近年证券企业应用大数据技术匹配客户多样化需求的新尝试之一，目前已经成为财富管理新蓝海。智能投顾业务提供线上的投资顾问服务，能够基于客户的风险偏好、交易行为等个性化数据，采用量化模型，为客户提供低门槛、低费率的个性化财富管理方案。智能投顾在客户资料的收集、分析，投资方案的制定、执行以及后续的维护等步骤上均采用智能化系统自动完成，且具有低门槛、低费率等特点，因此能够为更多的零售客户提供定制化服务。

图 9-13 所示为证券业中的常见大数据应用。

图 9-13　证券业中的常见大数据应用

9.3.3　金融大数据的发展趋势

（1）大数据应用水平正在成为金融机构竞争力的核心要素

金融的核心就是风控，风控以数据为导向。金融机构的风控水平直接影响坏账率、营收和利润。目前，金融机构正在加大数据治理项目的投入，结合大数据平台建设项目，构建企业内统一的数据池，实现数据的"穿透式"管理。在大数据时代，数据治理是金融机构需要深入思考的命题，有效的数据资产管控可以使数据资产成为金融机构的核心竞争力。

（2）金融行业数据整合、共享和开放成为趋势

数据越关联越有价值，越开放越有价值。随着各国政府和企业逐渐认识到数据共享带来的社会效益和商业价值，全球已经掀起一股数据开放的热潮。目前，一些发达国家和地区的政府都开放大量的公共事业数据。中国政府也着力推动数据开放，国务院发布的《促进大数据发展行动纲要》中提出：到 2018 年，中央政府层面实现金税、金关、金财、金审、金盾、金宏、金保、金土、金农、金水、金质等信息系统通过统一平台进行数据共享和交换。

（3）金融数据与其他跨领域数据的融合应用不断强化

从 2016 年开始，大数据技术逐渐成熟，数据采集技术快速发展，通过图像识别、语音识别、语义理解等技术实现外部海量高价值数据收集，包括政府公开数据、企业官网数据、社交数据等。金融机构得以通过客户动态数据的获取更深入地了解客户。

未来，数据流通的市场会更健全。金融机构将可以方便地获取电信、电商、医疗、出行、教育等其他行业的数据。一方面会有力地促进金融数据和其他行业数据融合，使得金融机构的营销和风控模型更精准。另一方面，跨行业数据融合会催生出跨行业的应用，使金融行业得以设计出更多的基于场景的金融产品，与其他行业进行更深入的融合。

（4）金融数据安全问题越来越受到重视

大数据的应用为数据安全带来新的风险。数据具有高价值、无限复制、可流动等特性，这些特性为数据安全管理带来了新的挑战。对金融机构来说，网络恶意攻击成倍增长，组织数据被窃的事件层出不穷。这对金融机构的数据安全管理能力提出了更高的要求。大数据使得金融机构内海量的高价值数据得到集中，并使数据实现高速存取，但是，如果出现信息泄露就可能一次性泄露组织内近乎全部的数据资产。数据泄露后还可能急速扩散，甚至出现更加严重的数

据篡改和智能欺诈的情况。

9.3.4　金融大数据面临的问题

（1）金融行业的数据资产管理应用水平仍待提高

目前，金融行业的数据资产管理仍存在数据质量不足、数据获取方式单一、数据系统分散等一系列问题，具体表现在以下几个方面。

1）金融数据质量不足，主要体现为数据缺失、数据重复、数据错误和数据格式不统一等多个方面。

2）金融行业数据来源相对单一，对外部数据的引入和应用仍须加强。

3）金融行业的数据标准化程度低，分散在多个数据系统中，现有的数据采集和应用分析能力难以满足当前大规模的数据分析要求，数据应用需求的响应速度仍不足。

（2）金融大数据应用技术与业务探索仍待突破

金融机构原有的数据系统架构相对复杂，涉及的系统平台和供应商相对较多，实现大数据应用的技术改造难度较大，而且系统改造的同时必须保障业务系统的安全可靠运行。同时，金融行业的大数据分析应用模型仍处于探索阶段，成熟案例和解决方案仍相对较少，金融机构应用大数据需要投入大量的时间和成本进行调研和试错，一定程度上制约了金融机构在大数据应用方面的积极性。而且，目前的应用实践反映出大数据分析的误判率还比较高，机器判断后的结果仍需要人工核查，资源利用效率和客户体验均有待提升。

（3）金融大数据的行业标准与安全规范仍待完善

当前，金融大数据的相关标准仍处于探索期，金融大数据缺乏统一的存储管理标准和互通共享平台，涉及金融行业大数据的安全规范还存在较多空白。相对于其他行业而言，金融大数据涉及用户更多的个人隐私，在用户数据安全和信息保护方面要求更加严格。随着大数据在多个金融行业细分领域的价值应用，在缺乏行业统一安全标准和规范的情况下，单纯依靠金融机构自身管控，会带来较大的安全风险。

（4）金融大数据发展的顶层设计和扶持政策还须强化

在发展规划方面，金融大数据发展的顶层设计仍须强化。一方面，金融机构间的数据壁垒仍较为明显，数据应用仍是各自为战，缺乏有效的整合协同，跨领域和跨企业的数据应用相对较少。另一方面，金融行业数据应用缺乏整体性规划，当前仍存在较多分散性、临时性和应激性的数据应用，数据资产的应用价值没有得到充分发挥，业务支撑作用仍待加强，迫切需要通过行业整体性的产业规划和扶持政策，明确发展重点，加强方向引导。

9.4　实训1　分析大数据在旅游业中的作用

1. 实训目的

通过本实训了解旅游行业大数据的特点，能进行与旅游行业大数据有关的简单操作。

2. 实训内容

请认真观察图9-14，分析大数据在旅游业中发挥了哪些作用。

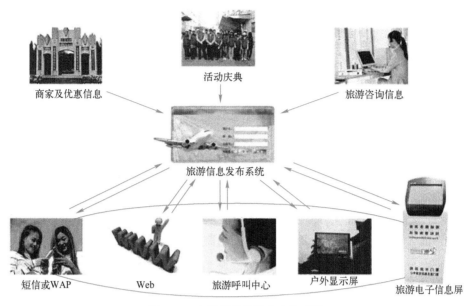

图 9-14　大数据在旅游业中的应用

9.5　实训2　分析大数据在金融业中的作用

1. 实训目的

通过本实训了解金融行业大数据的特点，能进行与金融行业大数据有关的简单操作。

2. 实训内容

请认真观察图 9-15，并分析大数据在金融业中发挥了哪些作用。

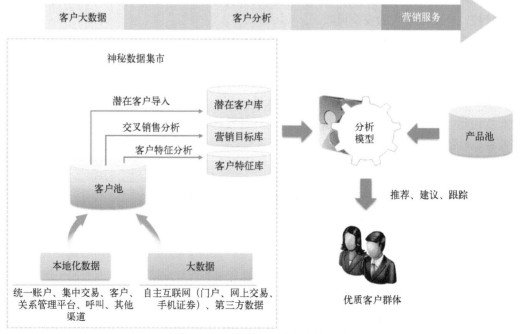

图 9-15　大数据在金融业中的应用

9.6　实训 3　画出大数据的用户画像

1. 实训目的

通过本实训了解金融行业大数据的特点，能进行与金融行业大数据有关的简单操作。

2. 实训内容

假设一名政府机关职工要去银行贷款，请为他设计一个合理的用户画像，可从信息数据和行为数据入手。

其中，信息数据主要包括性别、年龄、学历、家庭地址、工作单位、婚姻状况、薪资收入等；行为数据主要包括用户的行为信息、行为记录等，如用户经常到访的场所、消费情况、购买物品偏好、网络行为日志数据、社交数据等。

本章小结

1）随着大数据应用的不断深入，旅游大数据得到了业界的高度重视。在旅游业中引入大数据，可以更加贴近消费者，深刻理解消费者需求，高效分析信息并做出预判。

2）教育大数据是指在教育活动过程中所产生的，以及根据教育需要所采集到的，用于教育发展和研究的价值巨大的数据集合。

3）大数据金融是指集合海量非结构化数据，通过对其进行实时分析，可以为互联网金融机构提供客户全方位信息，通过分析和挖掘客户的交易和消费信息，掌握客户的消费习惯并准确预测客户行为，使金融机构和金融服务平台在营销和风控方面做到有的放矢。

习题 9

简答题

1. 请阐述什么是旅游大数据。
2. 请阐述什么是教育大数据。
3. 请阐述什么是金融大数据。
4. 请阐述如何设计用户画像。

第10章 大数据综合实训

本章学习目标

- 掌握 Linux 操作系统的安装方法。
- 掌握数据仓库的简单应用，能够进行简单的数据分析与数据清洗。
- 掌握数据可视化的简单应用，能够进行数据可视化的操作。

10.1 Linux 操作系统的安装

1. 实训目的

本实训的目的是让学生掌握 Linux 操作系统的安装方法。

2. 实训内容

1）安装虚拟机软件，如图 10-1 和图 10-2 所示。

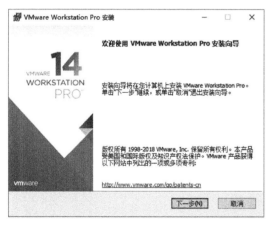

图 10-1　安装虚拟机 1

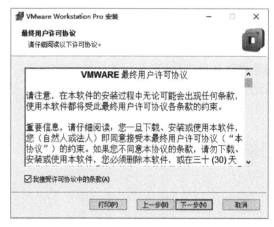

图 10-2　安装虚拟机 2

2）新建虚拟机，如图 10-3 和图 10-4 所示。

3）利用新建的虚拟机安装 Red Hat Enterprise Linux 6.9，安装光盘映像文件路径为"D:\rhel-server-6.9-i386.iso"。双击桌面上的 VMware 虚拟机软件快捷方式图标，进入虚拟机软件主界面，默认将打开已经创建完成的虚拟机，如图 10-5 所示。

4）在虚拟机窗口中选择"CD/DVD(SATA)"光驱图标，弹出"虚拟机设置"对话框，在右侧选择"使用 ISO 映像文件"单选按钮，单击"浏览"按钮，在弹出的对话框中选择安装 Linux 操作系统的 ISO 映像文件，或直接输入 ISO 映像文件地址"D:\ rhel-server-6.9-i386.iso"，单击"确定"按钮，如图 10-6 所示。接下来按照向导提示进行安装即可。

图 10-3　新建虚拟机 1

图 10-4　新建虚拟机 2

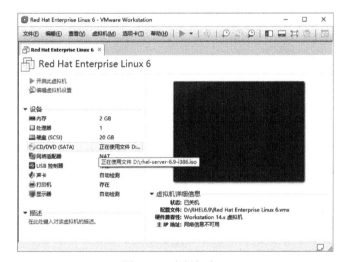

图 10-5　虚拟机窗口

图 10-6　"虚拟机设置"对话框

5）Linux 操作系统安装完成后的界面如图 10-7 所示。

图 10-7　安装完成后的界面

6）重启系统后，进入如图 10-8 所示的 Linux 操作系统欢迎界面，需要进行一些设置才能使用 Linux 操作系统。这些设置包括选择许可证信息、设置软件更新、创建用户、设置日期和时间及设置 Kdump。

图 10-8　Linux 操作系统欢迎界面

7）启动后的 Linux 操作系统界面如图 10-9 所示。

图 10-9　Linux 操作系统启动界面

10.2　数据仓库的简单应用

10.2.1　使用 Kettle 工具写入日志

1. 实训目的

本实训的目的是让学生掌握数据仓库的简单应用。

2. 实训内容

1) 成功启动 Kettle 后，在菜单栏中选择"文件"→"新建"→"转换"菜单命令。在打开的窗口中选择"输入"选项下的"生成记录"选项，选择"应用"选项下的"写日志"选项，将其一一拖动到右侧工作区中，并建立两者之间的节点连接关系，如图 10-10 所示。

图 10-10　建立节点连接

2) 双击"生成记录"图标，在打开的窗口中设置"限制"为 40，并分别设置"字段"中的名称、类型和值，如图 10-11 所示。

3) 双击"写日志"图标，在打开的窗口中单击"获取字段"按钮，自动获取字段名称，并在"写日志"文本框中输入自定义内容，如图 10-12 所示。

4) 设置好后，在菜单栏中选择"执行"→"运行"菜单命令，在执行结果的"日志"选项卡中查看写日志的状态，如图 10-13 所示，在"Preview data"选项卡中预览生成的数据，如图 10-14 所示。

图 10-11　设置生成记录

图 10-12　设置写日志

图 10-13　查看写日志状态

图 10-14　预览生成的数据

10.2.2　使用 Kettle 工具连接不同的数据表

1. 实训目的

本实训的目的是让学生掌握用 Kettle 工具连接多张外部数据表的方法。

2. 实训内容

1）准备两张 Excel 工作表，存储学生信息，并分别保存为"10-1.xlsx""10-2.xlsx"，如图 10-15 和图 10-16 所示。

图 10-15　学生信息表 1

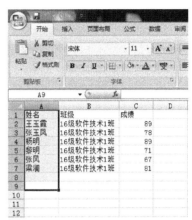

图 10-16　学生信息表 2

2）启动 Kettle，在菜单栏中选择"文件"→"新建"→"转换"菜单命令，在打开的窗口中将"Excel 输入""Excel 输入 2"和"记录集连接"三个图标拖动到右侧工作区中，并建立节点连接，如图 10-7 所示。

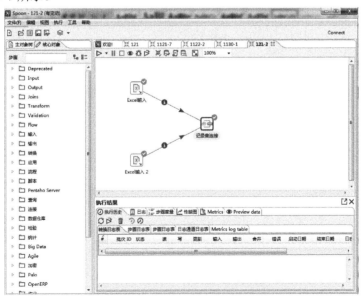

图 10-17　建立节点连接

3）分别双击"Excel 输入"图标和"Excel 输入 2"图标，在打开的对话框中分别导入"10-1.xlsx 工作表"和"10-2.xlsx"工作表，如图 10-18 和图 10-19 所示。

图 10-18 导入 "10-1.xlsx" 工作表

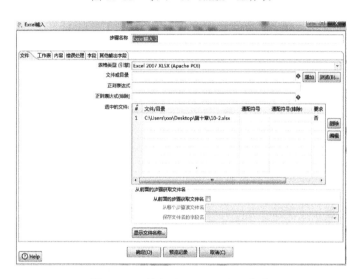

图 10-19 导入 "10-2.xlsx" 工作表

4）分别选择"工作表"选项卡，增加要读取的工作表名称，如图 10-20 和图 10-21 所示。

图 10-20 增加 "Excel 输入"的工作表名称　　　　图 10-21 增加 "Excel 输入 2"的工作表名称

5）分别选择"字段"选项卡，输入字段内容，如图 10-22 和图 10-23 所示。

图 10-22　输入"Excel 输入"的字段

6）返回主界面，双击"记录集连接"图标，在打开的对话框中按图 10-24 所示进行设置。

图 10-23　输入"Excel 输入 2"的字段　　　　　　　　图 10-24　设置记录集连接

7）设置完成后，在菜单栏中选择"执行"→"运行"菜单命令，执行结果如图 10-25 所示。

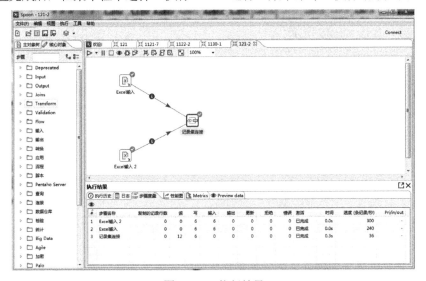

图 10-25　执行结果

8）右击"记录集连接"图标，在弹出的快捷菜单中选择"Preview"命令，在打开的对话框中选择"记录集连接"选项，单击"快速启动"按钮，如图 10-26 所示，即可预览数据，如图 10-27 所示。

图 10-26 "转换调试窗口"对话框

图 10-27 "预览数据"对话框

10.2.3 使用 Kettle 工具过滤数据表

1. 实训目的

本实训的目的是让学生掌握用 Kettle 工具对数据值进行过滤并输出的方法。

2. 实训内容

1）启动 Kettle，在菜单栏中选择"文件"→"新建"→"转换"菜单命令，将"Excel 输入"图标、"过滤记录"图标、"值映射"图标和"文本文件输出"图标拖动到右侧工作区中，并建立节点连接，如图 10-28 所示。

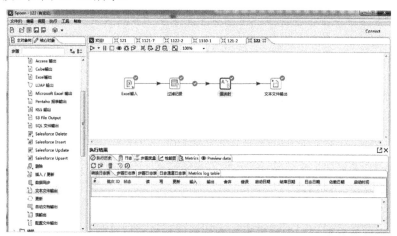

图 10-28 建立节点连接

2）双击"Excel 输入"图标，在打开的"Excel 输入"对话框中导入前一个实训中的"10-1.xlsx"工作表，如图 10-29 所示，然后在"字段"选项卡中输入字段内容。

图 10-29 导入"10-1.xlsx"工作表

3）双击"过滤记录"图标，在打开的"过滤记录"对话框中设置过滤条件，当为 true 时执行值映射，如图 10-30 所示。

4）双击"值映射"图标，在打开的"值映射"对话框中设置要使用的字段名和字段值，通过设置可以将性别中的"男"和"女"分别转换为 male 和 female，如图 10-31 所示。

图 10-30 设置过滤记录

图 10-31 设置值映射

5）双击"文本文件输出"图标，在打开的"文本文件输出"对话框中设置要输出的文件名称和格式，如图 10-32 所示。

图 10-32 设置文本文件输出

6）设置好后，在菜单栏中选择"执行"→"运行"菜单命令，执行结果如图 10-33 所示。

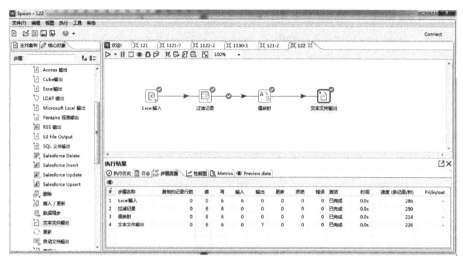

图 10-33 执行结果

7）右击"文本文件输出"图标，在弹出的快捷菜单中选择"Preview"命令，在弹出的对话框中选择"文本文件输出"选项，单击"快速启动"按钮，如图 10-34 所示，即可预览数据，如图 10-35 所示。

图 10-34 转换调试窗口

图 10-35 预览数据

10.3 绘制社交网络图

1. 实训目的

本实训的目的是让学生掌握数据可视化的基本应用。

2. 实训内容

使用 networkx 库绘制网络图，代码如下。

```
import networkx as nx
import matplotlib.pyplot as plt
G=nx.DiGraph()
G.add_node(1)
G.add_node(2)
G.add_nodes_from([3,4,5,6,7])
G.add_cycle([1,2,3])
G.add_edge(1,4)
G.add_edges_from([(3,5),(3,6),(6,7)])
nx.draw(G)
plt.savefig("youxiangtu.png")
plt.show()
```

程序运行结果如图 10-36 所示。

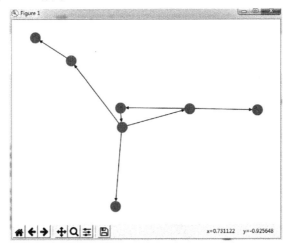

图 10-36　社交网络图

参 考 文 献

[1] 黄源. 大数据技术与应用[M]. 北京：机械工业出版社，2020.

[2] 黄源. 大数据导论[M]. 北京：人民邮电出版社，2023.

[3] 刘鹏. 大数据[M]. 北京：电子工业出版社，2017.

[4] 黄宜华. 深入理解大数据[M]. 北京：机械工业出版社，2014.

[5] 零一，韩要宾，黄园园. Python3 爬虫、数据清洗与可视化实战[M]. 北京：电子工业出版社，2018.

[6] 刘硕. 精通 Scrapy 网络爬虫[M]. 北京：清华大学出版社，2017.

[7] 杨尊琦. 大数据导论[M]. 北京：机械工业出版社，2018.

[8] 林子雨. 大数据技术原理与应用[M]. 北京：人民邮电出版社，2017.

[9] 周苏. 大数据可视化[M]. 北京：清华大学出版社，2018.